U0155003

FLU HUNTER

Unlocking the Secrets of a Virus

解锁病毒之谜

原著 [美] Robert G. Webster

主译 孙业平 刘欢

主审 高峰 高福

中国科学技术出版社

·北京·

图书在版编目（CIP）数据

解锁病毒之谜 /（美）罗伯特·G. 韦伯斯特 (Robert G.Webster) 原著；孙业平，刘欢主译 . — 北京：中国科学技术出版社，2020.6（2021.1 重印）
ISBN 978-7-5046-7119-6

Ⅰ . ①解… Ⅱ . ①罗… ②孙… ③刘… Ⅲ . ①病毒学 Ⅳ . ① Q939.4

中国版本图书馆 CIP 数据核字 (2020) 第 066543 号

著作权合同登记号：01-2020-1308

策划编辑	焦健姿　韩　翔
责任编辑	丁亚红
装帧设计	佳木水轩
责任印制	李晓霖

出　　版	中国科学技术出版社
发　　行	中国科学技术出版社有限公司发行部
地　　址	北京市海淀区中关村南大街 16 号
邮　　编	100081
发行电话	010-62173865
传　　真	010-62179148
网　　址	http://www.cspbooks.com.cn

开　　本	787mm×1092mm　1/16
字　　数	153 千字
印　　张	10.75
版　　次	2020 年 6 月第 1 版
印　　次	2021 年 1 月第 2 次印刷
印　　刷	天津翔远印刷有限公司
书　　号	ISBN 978-7-5046-7119-6 / Q·222
定　　价	98.00 元

内容提要

　　这是一部由世界著名病毒学家韦伯斯特博士撰写的有关病毒学研究的专业性读物，对于相关专业的学者有不可或缺的重要参考价值。作者以科学的视角阐述了什么是病毒，以及流感与病毒的关系。书中展示的研究成果是作者从 20 世纪 60 年代开始进行的科学研究，韦伯斯特博士对世界各地的数千只野生水鸟进行了艰苦的追踪和测试，足迹遍布全球，最终他及科学家同伴成功地在这些鸟类身上发现了病毒宿主与人类之间的联系，以科学的视角解锁病毒之谜，为如何做好病毒防控奠定了基础。

世界一流的流感研究者对本书的评价

假如托尔金（Tolkien）是一位病毒学家，那么这正是他所要写的那一本书。这是一个关于冒险、发现、意外遭遇微生物及其宿主的宏大的故事。不同的是，这是一个真实的故事！罗伯特·G.韦伯斯特（Robert G. Webster）编写的这本书向读者生动地描绘了全球最重要的传染病威胁之一——流感，是如何被鉴定、发现和研究的，让我们能更好、更深入地理解流感。这不仅是一个人的贡献，更是国际团队合作的重大贡献。为此，强烈推荐这本传染病、公共卫生和科学史领域的好书。

迈克尔·贝克（Michael Baker）

奥塔哥大学公共卫生系教授

在这本精彩的书中，罗伯特·G.韦伯斯特，这位全世界流感研究者的导师讲述了他倾注毕生精力的流感病毒研究工作。对于科学家、公共卫生政策制定者，本书是必备的阅读材料。对于普通公众，本书亦可作为了解流感研究核心人物对自己研究领域深刻洞见的优质读物。

田代真人（Masato Tashiro）

世界卫生组织流感参考和合作中心前主任

重大的病毒学发现背后都藏着奇妙而真实的故事。这是罗伯特·G.韦伯斯特博士毕生探索流感病毒的自传，强调了偶然性在科学发现中的重要性。除了开放式的思维和有准备的头脑，还需要正确的时间和正确的地点。这本以作者亲身经历为背景编写的书无疑会成为20世纪和21世纪破解流感之谜的最重要参考。

玛丽亚·赞邦（Maria Zambon）

英国公共卫生局国家感染服务部副主任

这是一位科学家引人入胜的职业生涯自传，我有幸与各位读者共享。*Flu Hunter* 展示了动物流感病毒及其对人类流感影响的大事记，令人印象十分深刻。对于从事流感和流感病毒相关工作的人来说，这是一本必读的书。

伯纳德·伊斯特迪（Bernard Easterday）

威斯康星大学兽医学院病理生理学系，荣誉退休教授，荣誉退休主任

Flu Hunter 讲述了一个有关科学家好奇心，以及身为世界病毒学权威之一的罗伯特·G. 韦伯斯特博士探究流感病毒起源的精彩故事。韦伯斯特博士从 1918 年大流感开始，讲述了现代流感病毒研究的发展，以及他在野鸭和迁徙海鸟中发现流感病毒的经历。韦伯斯特深入参与了 1997 年世界卫生组织应对中国香港地区的 H5N1禽流感事件，避免了世界范围内的流感大流行，韦伯斯特博士将这件事情与 2017 年季节性流感疫苗的失败事件一并呈现给广大读者。

杰弗里·赖斯（Geoffrey Rice）

坎特伯雷大学荣誉退休教授

《黑色十一月：新西兰 1918 年大流感》（2005 年）和

《黑色流感 1918：新西兰最严重的公共卫生灾难》（2017 年）的作者

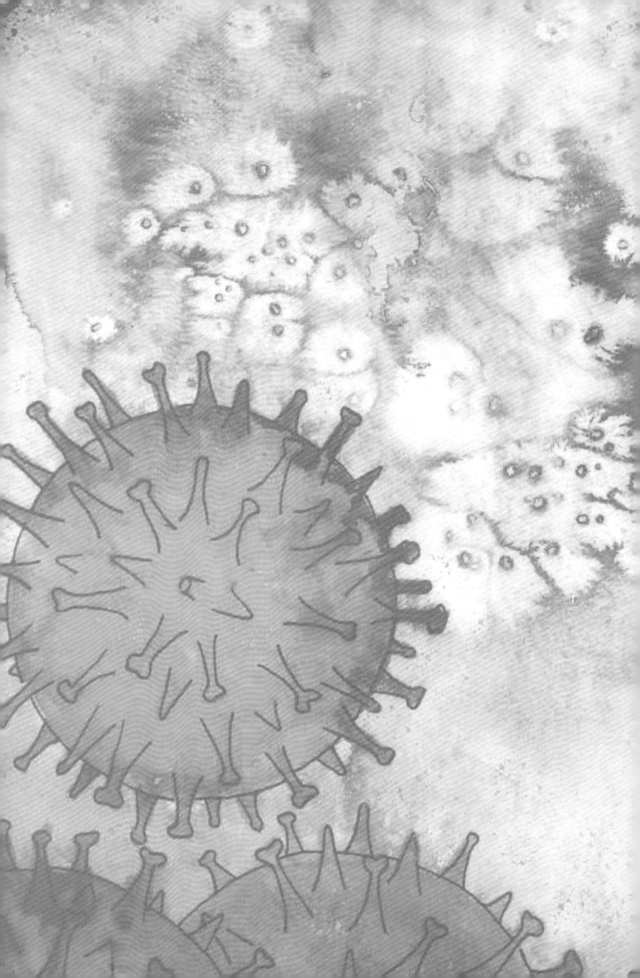

原著者寄语

本书是在造成 COVID-19（2019 冠状病毒病）的新型冠状病毒发现之前撰写的，在此之前从未预料到会发生此类事件。1918 年，流感曾于美国发生大流行，至今刚过去 100 年。那场流感在第一次世界大战期间被带入欧洲的战壕，并发展为具有高度致死性和传染性的疾病。1918 年大流感在全球蔓延并导致 5000 万至 1 亿人死亡。

COVID-19 的出现再次提醒世界，"要严肃对待科学，否则大自然会让你看到，它依然能够召唤死亡天使，带来毁灭性的后果"。人类仍然没有从埃博拉病毒、尼帕病毒、寨卡病毒、MERS 病毒和 SARS 病毒造成的传染性疾病中获得经验，新发传染病仍具有致命的全球性风险。唯一可行的预防措施是在世界卫生组织（WHO）支持下，与遍布世界各地的公共卫生机构之间进行协调和持续不断地准备。

本书描述了对大流行性流感起源的搜寻，对流感病毒在全世界野生水鸟储库的发现，以及其通过鸡、鸭和养猪场到活禽市场，并最终到人类的传播。

1972 年，我非常荣幸地来中国进行科学访问，并与朱既明（已故）、郭元吉及许多来自公共卫生和兽医学领域的留学生建立了长期合作关系。与香港大学的肯尼迪·肖特里奇（Kennedy Shortridge）、马利克·裴伟士（Malik Peiris）和管轶的合作更证实了活禽市场是新型的 H5N1 和 H7N9 流感病毒的增殖地。很显然，物种之间的流感病毒交换和基因片段的混合最终导致了感染人类的流感病毒诞生。

尽管这些新型病毒会威胁并感染人类，但幸运的是，它们并不会严重地影响公共卫生，因为它们不能有效地人传人，所以没有引起大流行。当时，关闭活禽市场的措施有效地阻止了流感的传播。

其实 COVID-19 的出现并不令人意外，因为动物世界是一个不同疾病病原体的巨大储库。虽然我们预料到病毒大流行总有一天会发生，但是我们无法知道其病原体是什么，也无法预知何时会发生。

社会在动荡中从危机走向成熟。人们已然认识到 COVID-19 对社会的影响。目前，新型冠状病毒是全世界的共同敌人。这场抵抗病毒的战争仍在继续，我们是否为这场战争做好了充分的准备？我们是否已经准备好了充足的口罩、制服、个人防护装备和呼吸机？中国为世界提供了新型冠状病毒的遗传序列，使生产诊断试剂盒成为可能，但大多数国家仍在经历惨痛的疫情洗礼，因为未能做好其他准备工作，以致无法检测无症状传播者并快速隔离已感染者。

我们敬畏地看到中国为延缓疫情曲线的爆发式增长及防止应急医疗设施超负荷运转而采取了封城举措。事实证明，这样做很有效。但在其他国家，在疫情最初的关键几周，很少效仿中国的做法，以致后来都付出了代价。

疫苗研发将伴随着一段相当漫长的等待时间，这让人感到很沮丧。尽管现代科学可以扮演"上帝"的角色，并可以改变病毒和人类的基因组，但却无法及时制造出安全有效的疫苗来减缓新型疾病病原体的第一波感染。现在面临的挑战是提供一种安全的疫苗来预防第二波感染。目前人们已详细了解了新型冠状病毒的结构，科学家们必将找到安全有效的药物 [小分子和（或）抗体] 来抑制其在人体中的增殖。

主持本书中文版审订翻译的中国疾病预防控制中心主任高福教授曾于 2018 年11 月 1—2 日召集世界各地的流感科学家在中国深圳举行了会议，并倡议将每年的11 月 1 日定为"世界流感日"。我们的目标是集中科研力量努力研制通用流感疫苗，并推动更强有力的全球政治承诺，支持病毒的预防和控制。COVID-19 或许能令全世界人们相信，现在是时候该聆听科学家的声音并认真对待大自然母亲了。

因为不这样做的后果是极其危险的。

罗伯特·G. 韦伯斯特

原 书 序

流感能影响人类的呼吸系统，当一种新的人传人流感病毒出现，并以大流行的形式在全球蔓延时，并不总伴随着高死亡率，但会造成巨大的社会秩序破坏和经济损失。

从古至今，许多流感大流行被载入史册。其中，最严重的是距今一个世纪之前的 1918 年大流感。自从 20 世纪 30 年代第一株流感病毒被分离以来，这些大流行病毒的进化问题就一直吸引着全世界病毒学家的关注。

20 世纪 70 年代初，也就是中国香港地区 1968 年发生流感大流行后，我开始研究流感，这一时期正是病毒学经典时代向分子时代的转变时期。那时，来自新西兰达尼丁（Dunedin）的罗伯特·G. 韦伯斯特教授研究流感已有 10 年之久，我开始密切关注他的研究。他的研究将经典流行病学与新的分子实验技术相结合，发展为我们目前所知的人类与动物流感病毒进化和防控方面的框架。

他的科研生涯是一段令人难以置信的旅程。20 世纪 60 年代，他从澳大利亚的海鸟中发现了病毒。这令他意识到流感病毒很容易在海鸟中流行而不引起疾病，而且大多数流感病毒的自然宿主是野生水禽。结合另一个关键发现，即流感病毒很容易进化或通过遗传重配发生变化，罗伯特·G. 韦伯斯特教授与其他相关科学家建立了水生鸟类病毒储存库与人类流感大流行的相关性学说。

"流感猎手"这一称号是 *Smithsonian Magazine*（《史密森尼杂志》，www.smithsonianmag.com/science-nature/the-flu-hunter-107190623/）对罗伯特·G. 韦伯斯特的绝佳赞誉，是对其发现病毒的认可。本书记录了他引人入胜的研究之旅，以及他与团队走遍全世界与各大洲的国家政府机构及其他研究团队合作中的轶闻趣事。我从这些故事中回顾了罗伯特半个多世纪的研究生涯，感受到他对工作的热情，以及他从中获得的快乐和满足。

他与许多世界一流的流感研究者有过合作，他的谦虚、自然和坦诚是合作成功的关键，然而他很少谈及自己。

1918 年大流感无疑是迄今为止最大的流感灾难，罗伯特·G. 韦伯斯特教授用毕生之力来研究这次流感的原因及应对方法，他为解读流感病毒进化及如何防控做出了卓越贡献。

那么，流感大流行还会发生吗？韦伯斯特郑重警告道："……不仅仅是可能的，而且只是时间问题。"

本书记录了一位全球杰出科学领袖的职业研究生涯，是一部对熟悉该领域的科研工作者、医学生及普通读者同样有吸引力的书。我衷心地向所有人推荐。

兰斯·詹宁斯（Lance C. Jennings）
Clinical Associate Professor, Isirv Chair
QSO, PhD, FRCPath, FFSc (RCPA)

译者前言

作为一名微生物学领域的普通晚辈，我非常荣幸能有机会翻译这部由世界顶级流感病毒学家罗伯特·G. 韦伯斯特（Robert G. Webster）博士记述自己一生追踪流感病毒传奇经历的倾情之作——*Flu Hunter：Unlocking the Secrets of a Virus*（《解锁病毒之谜》）。

对于我来说，韦伯斯特的名字简直如雷贯耳。这位美国科学院、英国皇家协会、新西兰科学院的"三院院士"迄今已发表过超过 600 篇同行评议论文或综述，是圣裘德儿童研究医院名列"荣誉墙"的旗帜人物。他最早发现并系统提出了人与禽流感之间的关系，阐明了流感病毒跨种属传播的规律和机制，为流感防控提供了新的方向。韦伯斯特博士与中国有很深厚的渊源。他曾于 1972 年带领学术团队访问过中国，并采集了动物样本，与朱既明院士等中国流感专家深入交流。1975 年，他还深入中国香港地区的活禽市场进行过实地考察和采样。1997 年，中国香港地区首次出现人类感染 H5N1 病毒时，他曾前往香港与香港大学流感专家肖特里奇合作分离和鉴定了 H5N1 病毒。2018 年 11 月 1—2 日，86 岁高龄的韦伯斯特博士还出席了在中国深圳举办的 1918 大流感百年纪念活动，并见证了首个"世界流感日"的诞生。

此前从未想过自己会与这位科学巨匠有什么联系，直到 2018 年的某一天，我的博士研究生导师，中国科学院院士、中国疾病预防与控制中心主任高福教授联系并询问我是否愿意参与翻译韦伯斯特博士的这本书。出于对流感病毒研究的兴趣、对韦伯斯特博士的敬仰，以及对领导和导师的尊敬，我立即就接下了这本书的翻译工作。

之前，我也曾读过不少韦伯斯特的科学论文，但晦涩难懂的科学文献总是给人以距离感。但在本书的翻译过程中，我仿佛身临其境地看到这位科学巨人为了追踪流感病毒，足迹遍及澳大利亚大堡礁、加拿大阿尔伯塔省南部湖泊、美国特拉华湾、南极、中国、挪威斯匹兹卑尔根岛等地，从海鸟、野鸭、企鹅、海豹等野生动物、活禽市场，甚至埋在永冻土下 1918 年大流感罹难者的尸体中采集样本的身影。书中所述不仅是一个个游记和历险故事，还包含着通过科学方法进行分析、研究和推理，最终获得科学发现的整个过程。翻译完这本书，我觉得那些我曾经参阅过的

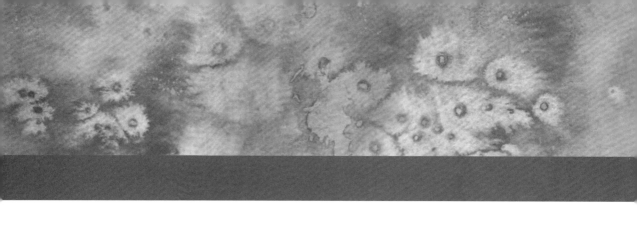

冷冰文献也变得鲜活起来，变得血肉丰满，易于理解。

尽管之前我在高福院士的指导下曾翻译过一些科普著作，但翻译本书时还是遇到不少问题。因为与合译者没有达成一致的翻译理念，导致出现了一些漏译和错译的情况，还受到了高院士的严厉批评，教训是很深刻的。高院士对译文初稿逐字逐句修改的认真态度让人肃然起敬。或许正是这种始终如一的"较真儿"劲，才是高院士纵横学界、获得无数科学荣誉的原因之一吧。

对于从事流感病毒防控的专业人员和基础研究者、流行病学家和公共卫生政策制定者，以及所有热爱生命科学的读者，相信翻阅本书都能开卷有益。

孙业平

目　录

第 1 章　　恶魔出现：1918 年大流感 ……………………………………… 001

第 2 章　　流感研究的开端 ………………………………………………… 011

第 3 章　　从澳大利亚的海鸟到达菲的问世 …………………………… 021

第 4 章　　探索指向加拿大野鸭 ………………………………………… 030

第 5 章　　特拉华湾：正确的时间和正确的地点 ……………………… 037

第 6 章　　证明跨种传播 …………………………………………………… 046

第 7 章　　病毒学家的中国缘 …………………………………………… 054

第 8 章　　香港温床：活禽市场和猪肉加工 …………………………… 061

第 9 章　　世界大搜索（1975—1995 年） ……………………………… 066

第 10 章　　证据确凿 ……………………………………………………… 075

第 11 章　　禽流感：H5N1 的起源和传播 ……………………………… 084

第 12 章　　21 世纪第一次流感大流行 ………………………………… 093

第 13 章　　SARS 暴发和禽流感再暴发 ………………………………… 100

第 14 章　　揭开 1918 年大流感的真相 ………………………………… 109

第 15 章　　复活 1918 年的流感病毒 …………………………………… 116

第 16 章　　打开潘多拉盒子 …………………………………………… 122

第 17 章　　放眼未来：我们准备好了吗 ……………………………… 129

参考文献 ……………………………………………………………………… 136

拓展阅读 ……………………………………………………………………… 144

附录　词汇表 ……………………………………………………………… 151

后记 …………………………………………………………………………… 155

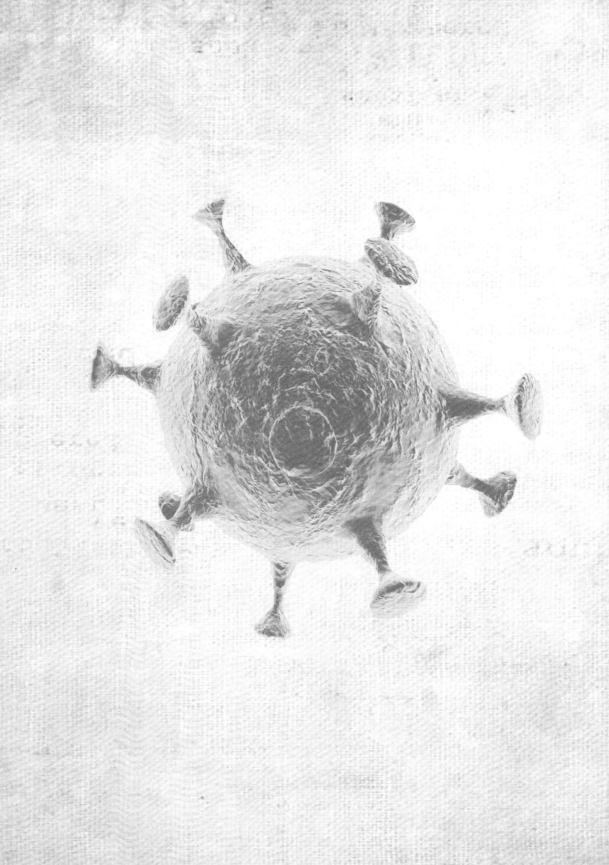

第 1 章

恶魔出现：1918 年大流感

Emergence of the Monster: Spanish Influenza, 1918

　　1918 年，北半球夏季晚期的某个时刻，一种病毒的出现让全人类经历了一场最致命的流感。原本强健有力的年轻人开始头痛和肌肉酸痛，体温高达 41.1℃（106℉），一些人还出现神志失常的症状。人们会因虚弱而摔倒在地上，脸上出现红褐色的斑点，这些斑点会因为缺氧变成蓝色或微带黑色，耳朵和鼻子也会出血。肺部充满血液，患者最终被自己的血液"溺亡"。即使初期存活下来的人，也会因继发性细菌性肺炎而死。而在少数的存活者中，病毒可能已经侵入到了大脑，在多年后这些存活者会神志失常，可能还会引起帕金森病或嗜睡性脑炎。男性与女性的流感症状一致，妊娠妇女有 20% 流产的可能性。

　　虽然我们不知道 1918 年大流感的"恶魔株"是从何而来，但是第一次世界大战为病毒大流行提供了理想的条件。至 1918 年 9 月，战壕已经穿过欧洲，从瑞士延伸到北海，交战双方的数万士兵都生活在半地下拥挤、潮湿的环境中。洁净的卫生条件基本上不存在，便坑、简陋的冲洗设备、虱子和老鼠是一直恼人的存在（图 1-1）。

　　1918 年大流感一共有三波，第一波始于 1918 年 3 月，第二波发生在 1918 年 9—11 月，第三波发生在 1919 年年初[1]。

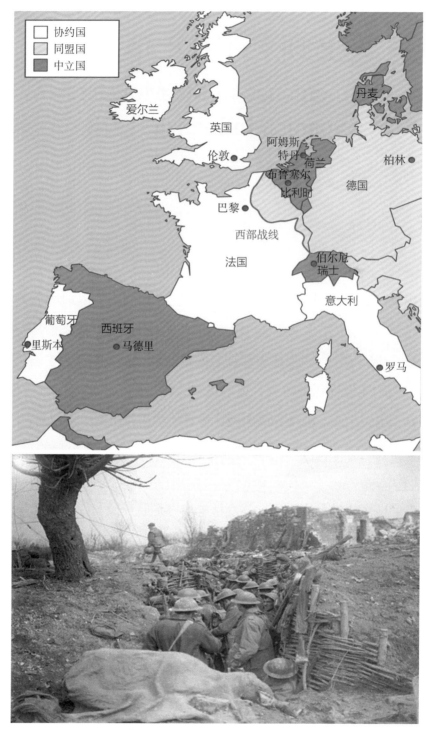

▲ 图1-1　第一次世界大战中的战壕战

至1918年，战壕已从北海延伸到瑞士边境。战壕中的士兵们向深处挖掘泥土，双方的战斗人员都经受到毒气云的影响

1918 年的第一波大流行是最温和的，患者出现了头痛、全身肌肉酸痛，体温升高至 38.3 ～ 38.9 ℃（102 ～ 103 ℉）的发热症状。在大多数感染者中，疾病只持续 4 天，有一些人发展成为肺炎，而还有一些人死亡。虽然这是所谓温和的一波疾病，却对堑壕战的影响巨大。1918 年 3 月，法国军队每天将 1500 ～ 2000 名被感染者从前线撤到后方。这不仅意味着前线的士兵减少，而且所有可用的运输设备都被占用，道路堵塞、医院人满为患。英国、意大利和德国军队的情况也是如此。

这一波的"温和"病毒株，实际上是美国军队在 1918 年 4 月早期带到欧洲的。无意之中，美国将生物战引入第一次世界大战。德国司令官埃里希·冯·鲁登道夫（Erich von Ludendorff）不将这场战争最后的失败归因于美国军队参战和强大装备，而是归因于美国军队带到前线的流感病毒。这是有可能的：交战双方的战壕只相距 30 米，病毒可能被风吹过去，更可能是通过被俘士兵传播的。

至少有一部分美国军队早已接触到了这种流感病毒，很可能已经产生了免疫力，因为这次流感于 1918 年 2 月下旬首次出现在美国堪萨斯州哈斯克尔小镇（Haskell, Kansas）[2]。流感被士兵传播到位于堪萨斯城西面的福斯顿军营（Camp Funston at Fort Riley, west of Kansas City）。1918 年 3 月 4 日，营地医院收治了第一例流感患者。在 3 周内，有 1100 名士兵住院治疗。流感在军营和附近的城镇之间迅速传播，首先是佐治亚州（Georgia）的"森林绿叶"营地，据报道，士兵中有多达 10% 生病[3]。

运输第一批美国军队进入欧洲的船只不可避免地携带了病毒，这些船上的士兵数量是设计运载量的两倍，因此，两人轮流睡一张铺位，为病毒传播提供了理想条件。但是，由于流感严重程度和死亡率并不高，在当时并没令人警觉。

1918 年 8—9 月，第二波"杀手"病毒株出现在返回美国的航程上，船上生活变成了所谓的"地狱阴影"，有的士兵发生吐血[4]。然而，美国舰队中的死亡率是 1.5%，低于其他美国军队中的死亡率 6.43%，这可能是因为其他美国军队早已暴露于第一波流感的缘故。

在 1918 年欧洲的战壕中，除了可怕的过度拥挤和低劣的卫生条件外，还有一个因素促使了流感恶魔株的出现，那就是战争中广泛使用的有毒气体，可能导致流感病毒变异而变得更加致命。

尽管 1907 年的"海牙公约"禁止在战争中使用化学武器，但是在第一次世界大战中双方都使用了有毒气体。德国拥有庞大的化学工业，成为使用化学武器最多的一方，但它并不是唯一的使用者。当流感在前线的士兵中流行时，化学武器的使用率也达到顶峰。化学武器中的主要化学试剂包括氯气、光气和芥子气。虽然化学武器通常不致命，但是可以使士兵虚弱并导致水疱、失明和呼吸系统疾病等。因为需要将大量眼盲和受伤的人员带到战区后方，弹药、食品和军队的供应线被阻断。氯气也是一种有效的心理武器，毒气云扑面而来的景象成为步兵恐惧的源头。我父亲就是经历过可怕毒气云的士兵之一（图 1-2）。

光气和芥子气都是已知的诱变剂，这种物质可以导致细胞在复制 DNA 时出错。在实验室中，我们使用诱变剂处理流感病毒，以了解病毒与致病性相关的遗传密码。在战壕中，病毒感染的士兵接触芥子气可能会产生相同的效果，流感病毒从相对温和的病毒株转变为"杀手"。一旦这样的"杀手"出现，战壕中成千上万虚弱的人就会成为其完美的温床 [5]。

虽然我们永远不会确切地知道这个变异杀手出现的地点，但是一旦它出现了，就迅速蔓延到双方的战斗人员身上，进而通过后勤供应链传播给附近城镇的人们，然后再传播到世界各地。在第一次世界大战最后的战斗中，交战双方都受到严重影响。在第一波流感中，法国军队的 10% ~ 25% 人员必须从前线撤离；而在第二波流感期间，比例上升至 46%。德国这个战争机器也受到了严重影响。

由于战术原因，交战双方对士兵、水手和军事支援人员感染流感的消息

▲ 图 1-2　笔者的父亲罗伯特·邓肯·韦伯斯特（**Robert Duncan Webster**）在法国的战壕中与新西兰远征军共同作战，在 **1918** 年的百日攻势战中受伤。像许多士兵一样，他也经受了致命的毒气云

保持静默，导致了公众对他们自身健康迫在眉睫的威胁一无所知。任何可能阻碍战争的存在都被认为是不爱国，这份保密守则从公职人员延伸到新闻报纸再到政府和军队最高层。伍德罗·威尔逊（Woodrow Wilson）总统从 1918 年 3 月开始就被告知流感疫情暴发，但是被说服对前往欧洲船只上军队的死亡率消息秘而不宣，以免影响战势。

1918 年 5 月下旬，西班牙国王阿方索十三世（King Alfonso XIII）及其内阁成员感染流感成为头条新闻。由于西班牙在第一次世界大战中保持中立，因此对公开这条信息没有任何限制。马德里的报纸报道了这次流感，但并不严重，只持续约 4 天，而没有死亡。然而，到了 10 月份，西班牙遭受了第二波流感高死亡率的打击[6]。由于这些疫情最早报道出现在西班牙，随之而来的流感全球大流行曾被称为"西班牙流感"。

1919 年 4 月，在巴黎签署了凡尔赛条约，第一次世界大战结束，德国向盟国支付赔偿金。在这个"四巨头"会议上，法国、英国和意大利的总理及美国的总统都提出了主张，威尔逊总统希望允许德国保留一些资源复苏经济，而法国绰号"老虎"的总理乔治·克莱蒙梭（Georges Clemenceau）却希望德国受到严厉惩罚。威尔逊本以离开谈判桌为威胁，但在最关键的谈判阶段感染了流感，他的年轻助手唐纳德·费里（Donald Ferry）也受到感染并在 4 天之后死去，总统的妻子、女儿和其他助手也受到严重的感染。威尔逊总统虽幸免于难，但性格明显发生了改变。病毒可能损害了他的大脑，这也是这种恶魔病毒感染的后遗症之一。病床上，伍德罗·威尔逊最终屈服于克莱蒙梭关于德国赔偿的所有要求[7]，这也使得德国陷入了严重的经济萧条。流感是否是威尔逊改变立场的原因不得而知。

据报道，1918 年大流感导致全球死亡人数达 2470 万～3930 万，甚至可能达到 1 亿。它造成的全世界社会混乱和人口减少都是灾难性的。

两座相距甚远的城市，两条途径

即使在世界上相隔遥远的不同地方，第二波大流感的可怕影响也是相似的。在美国宾夕法尼亚州的费城（Philadelphia, Pennsylvania）和新西兰的奥克兰（Auckland, New Zealand）发生的事件，说明了这种相似性。

费城

流感病毒在 1918 年 9 月 7 日随着来自波士顿的 300 名船员一起抵达了费城的港口。8 月 27 日，波士顿出现了流感强毒株，当时被认为这是从法国布雷斯特（Brest）带回来的。费城的医疗设施很快不堪重负，患病严重的水手开始死亡。第一天死亡 1 人，第二天死亡 11 人，之后，照顾第一名水手的护士死亡，随即病毒在整个城市播散开来。

9 月 28 日，为筹集数百万美元以支持战争，费城举行了一次大规模的"自由贷款"游行。尽管大学和军方卫生官员对流感蔓延风险做出了警告，但是游行的人群还是继续进行。水手、士兵、海军陆战队员、童子军和女子支援团体组成的游行队伍延伸至 3 公里，并有数千人围观。两天后，费城的 31 家医院就挤满了生病和垂死的人。

游行 3 天后的 10 月 1 日，已有 117 人死亡。所有的公共集会都被禁止并设立了急救医院。在游行 10 天后，每天都有数百人死亡，数千人患病。症状包括流鼻血、发绀和谵妄。随着棺材供应耗尽，尸体被殡仪馆储积起来，更多尸体在房屋内腐烂。

在 10 月 19 日的那一周，病毒袭击达到顶峰，超过 4500 人死亡。然后，死亡的人数开始迅速下降，到 10 月 25 日，急救医院开始关闭。学校在 10 月 28 日重新开放。11 月 7 日，尽管不实停战报道使得大量人群在费城街头拥挤和亲吻，但流感并没有重新抬头。11 月 11 日是停战日，这一盛大的庆祝场面再次重演，但流感仍没有再次暴发。

费城的研究人员从患者肺部分离出一种细菌，即流感嗜血杆菌，并认为这是导致疾病的原因。这种细菌疫苗由卫生官员开发并于 10 月 19 日上市，超过 1 万剂疫苗提供给城市服务人员接种。由于这种疫苗是在流感大流行衰退阶段接种，因此看起来似乎是有效的，也有助于平息社会的恐惧。然而，在这次流感大流行 27 周以上的时间之内，费城有超过 15 700 人死亡，其中 25—34 岁年龄段死亡人数最多。

奥克兰

位于世界另一边的新西兰奥克兰，也传入了高度致命的流感病毒，传播和严重程度在许多方面都与费城的情形相似。而流感病毒传入新西兰的原因是有争议的，长期以来一直被归咎于尼亚加拉号蒸汽轮船的回国，那是一艘搭载新西兰总理威廉·梅西于 1918 年 10 月中旬去参加帝国战争会议后回国的船。但是，尼亚加拉号上的流感患者在回国抵达目的地后立即被隔离，因此，这似乎不太可能成为流感大流行的原因。现有的证据表明，在那个月从欧洲返回的数百名士兵引入了流感病毒，这些人大多数是从英格兰南部第二波流感暴发猖獗的军营返回的，他们回国后分散到全国各地[8]。

由于当时病毒没被分离出来，因此无法确定情况是否如此，只能根据书面报告的内容推测。我们知道 10 月 6 日和 8 日在奥克兰和基督城发生了流感引起的肺炎与死亡事件。"在 10 月 12 日'尼亚加拉'号抵达前三天内有 6 人死亡[9]。"

11 月 8 日，奥克兰收到一封电报，表明德国签署了停战协议，战争已经结束。奥克兰人兴奋得不得了，街上挤满了庆祝的市民，人们甚至离开病床加入庆祝的行列。但是电报内容是不准确的，城市官员关闭了酒吧，驱散了人群。4 天后的停战日，流感在奥克兰达到顶峰，当天有 83 人死亡，公众不再举行庆祝活动。

殡葬工作不堪重负，家具搬运车、帷幔货车、马车和推车都被征用来收集死尸，维多利亚公园被当成了露天太平间。与费城的情况一样，原本健康的年轻人受到的影响最严重，儿童似乎对流感完全免疫。11 月 13—20 日，每天有 2 列死亡列车将死者送往西奥克兰的怀克梅特公墓。截至 11 月底，奥克兰每日死亡人数已不到 10 人。12 月 4 日后，教堂服务恢复，城市运转正常。

奥克兰共有 1021 人死亡，死亡率为 0.76%。市卫生官员使用硫酸锌气溶胶喷雾剂进行消毒预防，但是将人们聚集在一起可能导致了疾病传播，而没有起到预防作用。

这两个城市绝不是受到此次流感影响最严重的城市，流感大流行几乎侵入了整个世界［美属萨摩亚（American Samoa）因严格检疫行动而成为唯一将病毒强度株隔离在外的地方］。有一些地区受到的影响更为严重：在阿拉斯加的土著居民中，几乎所有成年人都死亡了。

1918 年大流感是历史上有记录的最早、最严重疾病的大流行之一，在 100 年后的今天，我们可以问一问，它教会了我们什么？教训有很多。

- 流感严重程度各不相同，我们仍然无法准确预测所暴发的流感是否严重。
- 1918 年大流感导致年轻人死亡人数比年幼儿童和老年人更多，1957 年 H2N2 和 1968 年 H3N2 大流行的情况恰恰相反，然而较温和的 2009 年 H1N1 大流行再次表现出与 1918 年 H1N1 大流行相似的年龄相关死亡率，表明不同毒株对不同年龄组的影响不同。
- 流感在拥挤条件下传播得更快。
- 世界上某些人群比其他人群更易感。
- 感染较温和的流感病毒可以提供对较严重的流感病毒的保护。
- 隔离可能有效，但实施起来非常困难。
- 流感中的细菌感染可能是导致高死亡率的主要原因。

- 口罩可以提供一定保护并延迟感染。

- 硫酸锌气溶胶不能提供保护。

- 解热镇痛药（阿司匹林）可有效治疗发热。

1918 年，卫生官员不知道流感病因，也不知道温和的流感病毒如何成为杀手，以及有什么药物和疫苗可用。本书的其余部分，我从一生的研究中提供了对这些问题的个人见解，说明了科学的进步不仅需要努力工作，也需要机会运气，敢于面对拒绝和失败以及拥有亲力亲为的精神。这是我能想到的最值得为之奋斗的事业。

流感研究的开端
The Start of Influenza Research

在致命的流感大流行暴发后，卫生机构对接下来会发生的情况感到害怕。这种恶魔病毒会继续流行，还是会恢复到比较温和的状态？全世界的公共卫生官员开始调查研究这些问题，希望有一天开发出合适的疫苗来应对。

在 1918 年大流感后的几年里，世界各地又零星暴发了严重的流感疫情。1920 年，芝加哥和纽约有 1.1 万例流感死亡，纽约当年一天内流感死亡人数超过 1918 年任何一天。在世界另一边，澳大利亚已经强制执行船舶检疫，并成功地阻止了严重流感疫情，然后到 1919 年，流感还是暴发并导致了社会混乱。然而，总的来说，那一年的死亡人数（每 1000 人死亡 2.3 人）比 1918 年的新西兰还是要少（每 1000 人死亡 5.8 人）[10]。

严重流感的零星暴发持续到 1921 年，到了 1922 年，流感严重程度下降，并恢复到所谓普通或季节性流感状态。

今天的普通流感类似于 1918 年的第一波流感，可能还更温和一些，表现为突发的头痛、发冷、干咳，伴有体温达到 38 ～ 40 ℃（100.4 ～ 106 ℉）的高热，还有肌肉酸痛、全身无力和食欲不振。发热通常在 3 天后消失，但全身无力可持续长达 2 周。现在有一种轻视季节性流感的倾向，然而在新西兰，在 470 万人中每年有 400 人死亡[11]。

目前，平均每年流感流行给新西兰带来的直接医疗费用以及相关经济负担，估计达到数十亿美元。在美国的 3.2 亿人口中，平均每年有 3.5 万人死于季节性流感（2007 年）[12]，平均每年流感流行带来的直接医疗费用为 104 亿美元，经济负担高达 871 亿美元。因此，季节性流感无论如何都不是一种微不足道的疾病。建议人们每年接种世界卫生组织（WHO）推荐的疫苗。国家要对不同年龄组应接种的疫苗给出建议方案。

在 1918 年大流感之后的几十年，H1N1 流感病毒持续演化着，在温带地区人群中一年一度地流行，在热带造成全年的流行。1957 年，亚洲出现了一种不同的流感病毒株（H2N2），引发了 20 世纪的第二次大流行，造成 150 万人死亡。1968 年，H3N2 病毒引发了"香港大流行"。H1N1 病毒的重现又引起了 1977 年和 2009 年大流行。图 2-1 显示了 20 世纪流感流行和大流行时间表。

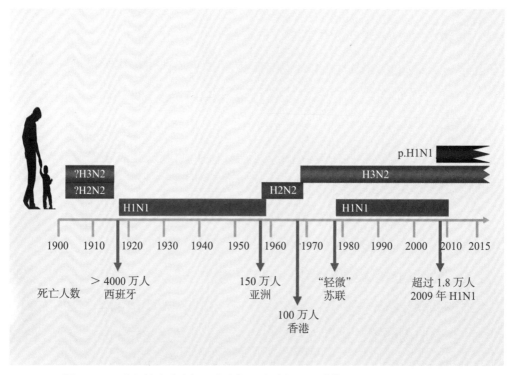

▲ 图 2-1　20 世纪的流感流行和大流行（大流行是一种蔓延到全世界人类的流行）

大流行发生在 1918 年（H1N1，西班牙）、1957 年（H2N2，亚洲）、1968 年（H3N2，中国香港）、1977 年（H1N1，苏联）和 2009 年（H1N1）。在每种新的大流行毒株出现后，该病毒会引起（一般）流行，直至出现新的大流行流感病毒有 3 种类型，分别标记为甲型（A）、乙型（B）和丙型（C），目前又出现了第四种类型，即丁型（D）。甲型存在于人类、低等动物和鸟类中；乙型主要存在于人体中，但也在海豹体内被发现；丙型主要存在于人类儿童和猪体内；丁型主要存在于牛体内。甲型流感病毒是引起人类流感和包括 1918 年大流感在内的流感病毒。在水鸟中发现了 16 种亚型甲型流感病毒，最近在蝙蝠中又发现了 2 种新亚型。

1918 年大流感充分证明了流感病毒极端易变，病毒从温和病毒变为致命病毒，然后又变回温和病毒。这种易变的秘密是什么？为什么流感病毒一次又一次引起流行和大流行？

与所有疾病病原一样，攻击性的病毒与宿主之间也在不断争斗。当流感病毒附着在鼻腔、喉咙和肺部细胞层时，身体会通过释放一系列保护性化学物质（细胞因子）做出反应，然后是特异性附着于入侵病毒的抗体（抗体附着的病毒分子被称为抗原），以便清除性的巨噬细胞（具有"清理"功能的白细胞）清除病毒。此外，身体还制造了杀伤性细胞，来摧毁病毒。在这场冲突中，人的体温升高，开始经历流感特有的疼痛和痛苦，部分原因是人体产生了毒性很大的化学物质可以杀死病毒。在一个星期内，身体通常会赢得战斗，患者恢复了健康，在体内的保护性武器库中保留了入侵者的免疫记忆，如果病毒再次攻击，就容易部署更多的抗体。

尽管人体能够以这种方式增强其防御的"武器库"，但是流感病毒有时能够突破这些防御，因为病毒可以改变表面形态，使身体认不出它。流感病毒有 2 种变化方式。在病毒的增殖过程中，组装基因构建模块时不断出错。这个过程没有质量控制，所以产生了病毒的混合物，有些像亲代病毒，而有些带有遗传变化使其与亲代不同。当这种病毒混合物感染具有抗体记忆的人时，变异的流感病毒会绕过宿主的免疫反应，因为它们具有免疫系统无法识别的抗原。病毒遗传物质的这种变化被称为"漂移"或"遗传漂移"，使季节性或普通流感每年都有变化。随着人群对普遍已存在的流感病毒产生抗性，带有错误的变种病毒存活下来并导致下一次流行。

产生病毒变化的第二种现象被称为"重配"（杂交），这是两种流感病毒混合基因片段的过程，有点类似于交配。流感病毒有 8 个独立的包含遗传信息 RNA 片段（图 2-2）。当两种不同的甲型流感病毒感染同一细胞时，一共有可能产生 256 种遗传信息不同的后代。这就是导致 20 世纪大多数人类流感大流行出现的过程。

流感病毒的直径约为 100 纳米（人类头发的直径为 80 000～100 000 纳米），病毒形状在球形和纤维形之间变化。病毒组成部分是在病毒遗传编码指导下由被病毒感染人类细胞而产生。这些成分插入围绕着细胞的脂质（脂肪）膜，将脂质膜变成病毒的外壳。最终，一个病毒颗粒产生了，外壳装饰着一层棒状的突起或刺突。刺突有 3 种，其中最多的是红细胞凝集素（H），将

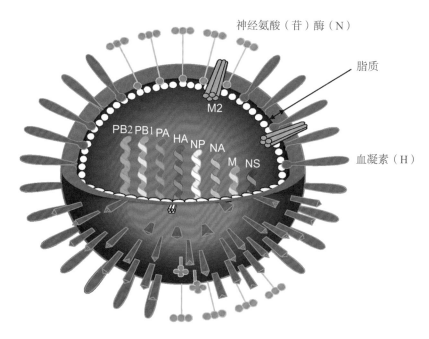

▲ 图 2-2　一个流感病毒颗粒的表面覆盖着 3 种突起

最多的是棒状的血凝素（H）刺突（紫色），使病毒附着在人类鼻子、喉咙和肺细胞上的对接位置。第二种是神经氨酸（苷）酶（N）刺突（粉红色），可作为分子剪刀从细胞表面释放病毒并促进病毒传播。第三种刺突（M2）是管状结构（黄色）。这些突起中的每一个都嵌入脂质（脂肪）层中，脂质层是当病毒从细胞出芽时从人体细胞上窃取的。在脂质层内，膜（M）蛋白（白色）包围着含有病毒遗传信息的 8 个 RNA 片段

病毒附着在人体细胞上的受体（对接位点）上。第二种刺突是神经氨酸苷酶（N），成簇出现，就像分子剪刀一样剪开细胞表面，释放病毒使其传播。第三种刺突是 M2 蛋白质，一种较短的管状突起。在脂质层下，是围绕着病毒遗传密码 8 个 RNA 片段的基质（M）层。

世界卫生组织于 1980 年对流感病毒的命名进行了标准化规范。流感病毒的每个名称都包括病毒的类型、病毒被分离的动物宿主（按照惯例，人类宿主不用标注）、国家、编号和年份。括号中是血凝素和神经氨酸（苷）酶的亚型。例如，A/Madrid/101/1918（H1N1）是从马德里的一个人体内分离出的甲型流感病毒，病毒是 1918 年分离，编号为 101 号，H 亚型和 N 亚型为 H1N1。假如这个病毒是从猪身上分离出来的，那么名字就是 A/swine/Madrid/101/1918（H1N1）。

1919—1920 年，新西兰、英国、美国和其他国家的公共卫生官员从医学角度对认识流感进行了重大评估。大家普遍认同，如果要研制流感疫苗，就迫切需要研究致病因子的本质。

什么是病毒

病毒是终极寄生物——一种必须寄生在细胞内的生物，完全依赖宿主活细胞才能存活。它是由包裹在蛋白质外壳里的一小片段遗传信息（RNA 或 DNA）构成。病毒感染各类生物，包括植物、动物和细菌，经常发生但不总引起疾病。病毒比世界上任何其他生物体都多。在计算机时代，"病毒"这个术语被用于描述自我复制、广泛传播并引起破坏（疾病）的命令，这与生物学概念中的属性一致。

病毒是已知的最小的生物。

流感是由 RNA 病毒引起，病毒具有 8 个独立的遗传信息片段，能与同种类型流感病毒杂交。

1918 年大流感期间，科学家们从被感染者喉咙分离出流感嗜血杆菌的时候，他们一致认为是细菌导致了疾病，这种细菌也因此而得名。这一结论似乎得到了研究的支持。研究结果表明，基于这些细菌制备的疫苗似乎是有效的。疫苗接种时间（在大流行的衰退期）也必然会为这一概念提供支持。事实上，疫苗可能确实提供了一些针对细菌及其引起继发性肺炎的防护，因为肺炎是流感大流行期间死亡的主要原因。然而，细菌并不是流感原发性的原因。

致病因子是病毒的第一个线索来自于一个意想不到的、完全不被重视的研究。1901 年，2 名意大利科学家欧亨尼奥·森坦尼（Eugenio Centanni）和埃齐奥·萨沃努奇（Ezio Savonuzzi）证明，被称为"鸡瘟"的鸡高致命性疾病是由非细菌因子引起的，这是一种被归类为病毒的病原体[13]。鸡瘟这种疾病，最开始只会影响鸡的鼻腔和肺部，随后借由血液流动影响到全身各个组织，甚至包括大脑。被感染的禽类死亡率可高达 100%，并伴随所有器官出血的现象。但是，鸡瘟的特征与人类流感的特征是如此不同，以至于没有人怀疑过两者之间有任何联系。直到 1955 年，来自德国图宾根的维尔纳·塞弗尔（Werner Schäfer）才发现了鸡瘟与人类流感之间的关系[14]。

与此同时，约翰·科恩（John S. Koen），一名隶属于美国农业部在艾奥瓦州道奇堡（Fort Dodge，Iowa）的兽医，在 1918 年报道了猪呼吸道疾病暴发与人类流感非常相似[15]。1928 年，动物产业局的查尔斯·麦克布莱德（Charles S. McBryde）进行疾病的传播研究，他发现被感染的猪的黏液可以将流感传染给其他猪。然而，用经过防菌过滤器处理过的黏液就不能传播，这是当时识别病毒的标准。由于病毒比细菌小，这种过滤方式最早提供了区分细菌和病毒的方法。几年后，纽约洛克菲勒医学研究所的理查德·肖普（Richard E. Shope）重复了这种过滤方式的研究并成功地在猪之间传播流感，证实了致病因子是一种病毒[16]。

此时，英国医学研究理事会（MRC）也在组织进行病毒研究。由于犬瘟热正在影响英国的猎狐运动，因此《田径》杂志社（*The Field*）慷慨地资助英国医学研究理事会来研究这个难题。犬瘟热症状始于高热，伴随咳嗽、呕吐和腹泻，并发展成为瘫痪而常出现死亡。实验室负责人帕特里克·莱德劳（Patrick Laidlaw）之前曾听说过雪貂被狗感染犬瘟热。1921 年，他在伦敦郊外磨坊山（Mill Hill）实验室建立了一个严格的隔离实验室来研究这种疾病 [17]。

来自英国医学研究理事会的年轻生物学家克里斯托弗·安德鲁斯（Christopher Andrewes），刚刚在洛克菲勒研究所研究了 2 年的风湿热疾病，而肖普当时在这里研究猪流感，他们在此建立了友谊。安德鲁斯回到英国医学研究理事会后，这个原本相对分散的专家团队在 1933 年伦敦突然暴发季节性流感的时候脱颖而出。安德鲁斯、莱德劳和他们的同事威尔逊·史密斯（Wilson Smith）收集了流感患者的咽拭子样本，使用肖普的方法成功感染了雪貂（一种研究流感的动物模型，表现出的流感感染症状与人类一致），也证明了病原体是滤过性的，符合病毒的定义。他们还完成了基于科赫法则的病原体鉴定，即要求在纯培养物中分离病原体，证明分离到的病原体在引入健康动物时会导致疾病，并从被感染动物中重新分离相同病原体。他们的工作证明了是一种病毒性病原体引起了这种疾病。

在研究雪貂传播流感病毒的试验期间，一只雪貂朝着史密斯实验室的一名医学生查尔斯·斯图尔特 - 哈里斯（Charles Stuart-Harris）打喷嚏，之后这名医学生就出现了流感症状。病原体从斯图尔特 - 哈里斯体内分离了出来再被传回雪貂，然后又从雪貂体内被重新分离出来 [18]。在返回洛克菲勒研究所之后，肖普经反复研究得出，雪貂先被麻醉后更容易被感染，病毒能够深入肺部接触到易感细胞。这些信息为伦敦的研究团队带来了突破，他们之前已经几乎放弃了雪貂，而一直试图感染实验室小鼠却没有成功。洛克菲勒研究所（Rockefeller）的托马斯·弗朗西斯（Thomas Francis）也成功地使流感感染了麻醉状态下的小鼠，使体积小且易于繁殖的小鼠成为流感研究的标准实验动物。

流感研究的下一个重大挑战，是找到一种分离和培养病毒的简单方法。位于伦敦的英国医学研究理事会实验室的研究人员在鸡胚中培养病毒的成功率很低，这种方法涉及使用 10 日龄发育中的鸡胚，在壳中钻一个洞并向其中注入感染流感的人咽喉冲洗液。来自澳大利亚的弗兰克·麦克法兰·伯内特（Frank MacFarlane Burnet）在英国医学研究理事会的 2 年任职期间为这项工作做出了贡献。回到墨尔本之后，他发现如果将人类流感患者的样本注入鸡胚周围充满液体的羊膜腔，流感病毒增殖地很好[19]。英国医学研究理事会团队也发现，在随后的传代中（即将第一个鸡胚中的液体注入第二个鸡胚，然后注入第三个鸡胚），注入 10～12 日龄鸡胚的较大尿囊腔时，病毒的增殖效果很好。

利用这种容易获得病毒的方法，人们很快发现含有病毒的尿囊液能够凝集鸡或人的红细胞的现象（使它们粘在一起）[20]。流感病毒使血细胞凝集是可以量化的，它的这种特性提供了一种测定病毒量的简单方法；重要的是，这个反应能被一种血清抑制，这种血清来自感染流感后又康复的人。所以，一个简单的血清学分析，即血细胞凝集抑制试验，使得研究人员能够对不同流感病毒分离株进行比较并确定疫苗功效。乔治·赫斯特（George Hirst）也注意到，流感病毒使红细胞凝集并不是永久性的，他就此提出病毒具有酶的功能，能够将其从红细胞中释放[21]。这种敏锐的观察最终使得流感病毒表面的神经氨酸（苷）酶被鉴定出来，于是发现了流感的第二种血清学检测方法[22]。

这些研究进展很快促成了另一种完全不同类型流感病毒的分离，这种流感病毒被定义为乙型[23]。这一新毒株由托马斯·弗朗西斯在洛克菲勒研究所分离得到，并送到伦敦的团队进行核实。这 2 个研究组证实早先的毒株抗原和新分离的毒株抗原之间没有关系，他们一致同意将前者称为"甲（A）型流感病毒"，而将后者称为"乙（B）型流感病毒"。

流感研究领域的一个特点是病毒资源和信息共享，纽约、伦敦和墨尔本的流感科学家形成了第一个网络，通过自由分享，拓展了关于病毒的早期研究。1947 年，世界卫生组织成立，流感被认为是一个持续性全球健康问题，这个问题因为病毒每年的抗原变化而变得复杂。安德鲁斯（即克里斯托弗爵士）向世界卫生组织提出，需要建立全球流感研究网络和指定参比实验室。那些已在非正式国际网络的科学家同意了这一提议。世界卫生组织合作网络于 1952 年成立，当时 26 个实验室贡献了他们的流感病毒分离株。

安德鲁斯在磨坊山的实验室被指定为世界流感中心，其他合作中心分别建立在墨尔本、亚特兰大、东京、孟菲斯和北京。任何希望参与该网络的国家实验室都可以将流感病毒分离株送到所在地区的指定合作实验室，后者将鉴定这种流感病毒的特征，并将结果发给前者。合作实验室（参比实验室）制备雪貂血清鉴定当前流行的流感病毒，并提供分离和鉴定病毒的标准化方法。这些信息在各中心之间共享，促进了流感疫苗信息的更新 [24]。自 1973 年以来，来自所有合作中心实验室的主要工作人员的合作从未间断，使得人类流感疫苗能够应对病毒抗原漂移，世界卫生组织会提供关于流感疫苗毒株的正式建议。

全球流感监测网络（GISN）成立于 1952 年，在 2011 时年扩展成为全球流感监测和应对系统（GISRS）。目前，该系统由 152 个机构组成，包括 113 个国家的 143 个国家流感中心。世界卫生组织流感网络是其随后建立发展所有其他网络的原型。

流感网络在 1957 年遇到了第一次真正的挑战，当时，在中国云南省出现了 20 世纪第二次流感大流行。流感病毒与之前的病毒株完全不同，但仍然是甲型流感病毒 [25]。幸运的是，在 1957 年，人们已经知道病原体是一种病

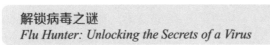

毒，疫苗可以在鸡胚中制备。当时的问题是，人类流感大流行的出现是传播中的人类流感病毒发生了巨大的变异性，还是来源于动物，如猪或鸡的新病毒结果。

从澳大利亚的海鸟到达菲的问世
From Seabirds in Australia to Tamiflu

　　科学的认知可以通过多种方式进步，而寻找大流行流感病毒源头的一个重要进展来自于 1967 年我和已故的格雷姆·拉弗（ Graeme Laver ）一次在海滩上的散步。他在 2004 年写道：

　　故事在 20 世纪 60 年代末期，开始于澳大利亚新南威尔士州的南部海岸。我们注意到每隔10 ～ 15 米就会有一些被冲上海滩的死羊肉鸟（剪嘴鸥）。由于我们知道 1961 年曾有燕鸥在南非被流感病毒杀死 [26]，所以想知道这些鸟是否也因感染流感而死亡 [27]。

　　羊肉鸟是指一种迁徙海鸟——曳尾鹱（ Puffinus pacificus ），它们在太平洋周围的 8 字形路线上飞行，每年返回巢穴并在新西兰南部的小岛屿和澳大利亚的大堡礁上养育幼鸟。在新西兰，毛利人和早期欧洲定居者很容易就能找到它们的巢穴，肥美的幼鸟是他们的肉食来源，这也是"羊肉鸟"名称的由来。近年来，它已成为餐厅的一款新西兰美味。拉弗和我确信前往羊肉鸟在大堡礁的筑巢地点会有收获，因为我们预感到它们感染了流感。

　　那时，我是堪培拉的澳大利亚国立大学（ANU）的一名研究生，拉弗是那里新招聘的初级研究员。我们这次探险考察没有获得资金资助，由于大堡礁上的岛屿受到保护，我们也需要获得探险许可。我们还需要一艘船装所需要的水、食物和设备。我们找到澳大利亚国立大学约翰·科廷医学研究学院（John Curtin School for Medical Research）的微生物系主任，他的回答是："你们一定是在开玩笑！科学考察，算了吧。这听起来更像是把你的朋友和家人带到内陆地区的一次冒险之旅。"

他或许说得很对，但是我们并没有放弃。我们知道，马丁·卡普兰（Martin Kaplan）作为世界卫生组织兽医病毒学部门负责人，是"猪是人类大流行流感的可能来源"这一理论的坚定支持者。因此，我们带着这样的想法去见他，令人高兴的是，卡普兰为这次考察批准资助了 500 美元。在 20 世纪 60 年代末，500 美元确实是一笔大额经费，可以支付大部分费用。随后澳大利亚国立大学重新考虑，认为这次考察毕竟有科学方面的内容，同意提供一辆车（旅行车）和燃料，用于本地和港口之间的往返运输。一些来自澳大利亚国立大学的参与人员自己开车加入了考察。最容易进入羊肉鸟栖息无人岛的港口是格拉德斯通，位于昆士兰州布里斯班以北，距离堪培拉约 1500 公里。

我们的最终目的地是特赖恩岛、西北岛和埃利奥特夫人群岛（Lady Elliot Islands）。这些是灌木丛生的珊瑚岛，没有淡水。当时，是任何数字通讯都没出现的年代，我们必须准备好物资，在岛上长达 2 周的时间内，能自给自足。这意味着，每人每天要带 7.5 升的淡水以及大量食物和鸟类取样用品，包括涤纶拭子和使样品保持低温的液氮大型隔热保温瓶（称为杜瓦瓶）。

这次考察不乏志愿者，来自德国、英国和美国的同事们都表示愿意参与。我们通常有 10 ～ 12 名参与者，一般优先选择有十几岁孩子的家庭，这些孩子的优点是比成年人更轻，因此不太可能破坏羊肉鸟的浅沙洞而压扁它们（图 3–1）。

第一次探险成为之后的一两年间进行的 7 次实地考察的范本。在准备了所有的科学考察装备并将它们装入车辆之后，团队开始了从堪培拉到格拉德斯通的两日之旅。我们从内陆而非沿海路线绕过悉尼（Sydney）、纽卡斯尔

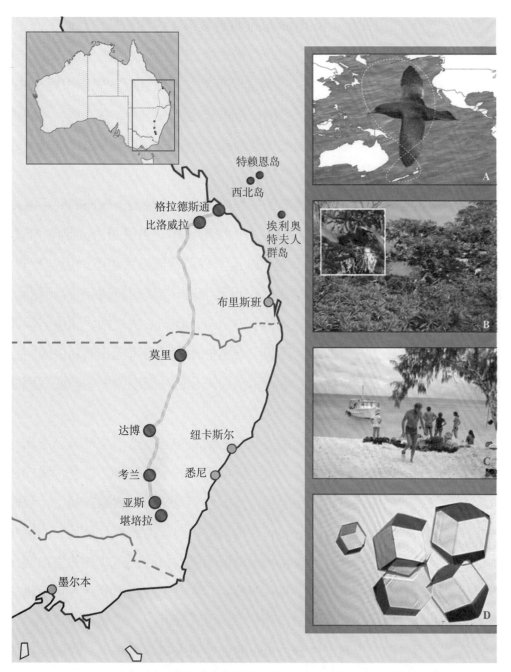

▲ 图 3-1　我们对鸟类中流感病毒的搜索将我们带到了澳大利亚大堡礁的岛屿

这张地图显示了我们从堪培拉（Canberra）到格拉德斯通（Gladstone）的路线，这是可以进入珊瑚礁的最近的港口，可以进入珊瑚礁。插图照片显示的是（从上到下）：A. 太平洋周围剪嘴鸥（羊肉鸟，曳尾鹱）的 8 字形迁徙路线。鸟类在新西兰南部岛屿和澳大利亚大堡礁岛屿的浅洞穴中繁殖和养育它们的幼崽；B. 玄燕鸥居住在西北岛。我们直接从鸟巢中捕捉成年鸟取样；它们从未见过人类，因此不怕我们；C. 格雷姆·拉弗博士（身穿红色短裤）和研究组抵达特赖恩岛（Tryon Island）；D. 格雷姆·拉弗博士用从玄燕鸥中分离的 H11N9 流感病毒神经氨酸（苷）酶制备晶体，用于设计抗流感药物达菲

（Newcastle）和布里斯班（Brisbane）这些大城市。这样，无论我们在哪里，都可以停下来在路边设立营地。在一次路途中，晚上我们的帐篷出现了不速之客。一天早上很早的时候，来自德国同事们从没有地板的帐篷里跳出来，从睡袋子和衣服里向外扔老鼠。当时，鼠灾非常令人吃惊，在夜里，当鼠群在道路上移动时，路面似乎闪闪发光。而在一个有地板的帐篷里，这并不是什么大问题。

乘船从格拉德斯通到特赖恩岛的旅程始终是一个挑战：大海时而平静如镜，时而狂暴汹涌，几乎不可渡过。在一次考察中，当船长让大副掌舵时，我感到极为担忧。大海是如此不安，以至于东莨菪碱贴片也不能克制晕船，海水冲刷着舱口密封的小船。但是，一旦我们进入围绕着珊瑚岛的珊瑚礁，大海就变得平静了，原始的海滩充满了吸引力，我们很快就把不愉快的渡海之旅遗忘了。在最初的行程中，我们用划艇把物资运到岸上，然后快艇回到格拉德斯通；在之后的行程中，快艇和我们一起留在珊瑚礁湖中，使我们能够在这片区域的许多岛屿上采集鸟的样品。

一个用于烹饪和饮食的大帐篷是我们活动的中心，这个基地帐篷建在一片树荫中。一些小帐篷搭在附近，用于睡觉和存放个人装备。白天，我们在世界上最美妙的珊瑚礁里游泳和浮潜，捕捉鱼和龙虾作为食物；晚上，我们开展科学研究。不得不说，这个时间表是根据鸟类行为而不只是我们的偏好制定的，因为，黄昏是母鸟带着满肚子鱼返回洞穴，给快速成长的雏鸟喂食的时间。黄昏时分的鸟巢充满了嘈杂的鸣叫，这是正在归巢的鸟在呼唤焦急等待的后代。

黄昏过后，我们点亮了灯笼，小心翼翼地进入鸟巢抓雏鸟。它们会躺在一个洞穴较上方的地面上，这个洞穴会发出大量的"鸟语"声。孩子们把手伸进洞中，抓住雏鸟的脚和翅膀把它们拉出来。每当一名新手把手臂伸进洞穴深处时，格雷姆·拉弗总会说："小心蛇！"事实上，珊瑚礁中没有蛇，这个警告总是带来新手们惊慌失措的反应，使他们快速撤出手臂而没抓住鸟。

这种启蒙仪式每次都带来许多欢笑。

在早先几年里，我们从每只鸟身上取一个咽拭子和一个血液样本（来自翼静脉），并迅速将它送回洞穴。后来，当我们知道在肠道中发现鸟类流感以后，也从鸟的泄殖腔中取出一个拭子样品（鸟类有泄殖腔，不是肛门）。采集到的血液样品在采样管中过夜凝固，分离出透明血清并储存在隔热保温瓶中保持冷冻（与拭子一起）。在采集了五六十只鸟的样品后，我们一组人员就返回基地帐篷，成年人品尝了一杯雪利酒，大家都享用了厨师专门准备的丰盛海鲜大餐。

虽然世界各地的同事都听说我们玩得很开心，但是在这个乐园里日复一日地浮潜和捕鱼也会变得无趣。由于玄燕鸥（小黑燕鸥，*Anous tenuirostris*）也在岛上栖息，我们在白天对它们采样来满足丰富的科学好奇心。

尽管考察有一些内部规则，但也并非毫无意外。一条规则是在白天任何时候都戴帽子、穿衬衫和运动鞋，包括在游泳时也要如此。穿戴衣帽是为了避免充沛的阳光导致的严重晒伤和衰弱；鞋子是必需的，沙质浅滩中潜伏着有毒刺的石头鱼和刀蜓。我的两个孩子尼克和莎莉分别是 11 岁和 13 岁，他们参加了第三次考察却对这些规则无动于衷，早早地就认定我是一个过度保护的父亲。这种情况在特赖恩岛的第一个晚上发生了变化，一位来自荷兰的访问科学家忽视了穿鞋的规则，一直享受着沿着美丽珊瑚海滩和清澈海水赤脚散步，后来他踩到一个尖锐的物体，脚上割出了很深的伤口。这位访问者很幸运，因为那并不是石头鱼。此后，再也没有无视穿鞋或其他内部规则的情况发生了。

同一天晚上，我们被强烈的"地震"惊醒了，大家都非常惊慌。"地震"的原因是一只巨大的海龟在我们帐篷一角挖了一个洞来产卵！我们把帐篷搭在了它的筑巢地点，又被它夺了回去。我们真要再次感激帐篷地板。海龟挖掘工作持续了将近 1 小时，然后它安静下来，产下了数百枚卵，每个卵有着高尔夫球般大小，有着皮革般柔软的壳。第二天一早，尼克在这个庞大生物回到海洋的部分旅程中骑着它，虽然海龟沿着海滩蹒跚而行，但是回到水中后它游得又快又优雅。

无人岛的另一条规则是"不要在来袭的潮水中游泳"，因为这时鲨鱼可能进入潟湖区（海的边缘地区）进食。当我们不得不蹚着齐胸深的海水，回到西北岛的快艇上时，的确遇到过一次这种情况。我们在退潮时去捕捉玄燕鸥，这是一项相对容易的任务，因为玄燕鸥会待在鸟巢中，不惧怕掠食者。在我们的载船距离海滩大约275米时，船长拉响了撤退警报，原因是一场风暴突然袭来。孩子们被抱入划艇，而成年人蹚着水返回。鲨鱼那时一定是没有准备进食，因为我们完整无缺地回到了船上。当我们离开那个岛时，我感到前所未有的高兴，即使身处在暴风雨中颠簸的船上。

在第一次大堡礁之旅中，拉弗在岛上测试了羊肉鸟的血清。他将血清放入一个透明凝胶小孔中，旁边小孔中含有被去污剂处理后死亡的流感病毒。第二天，羊肉鸟的血清与病毒放入的样品中出现了一条白线，病毒的成分与血清的抗体结合形成沉淀物。这意味着来自羊肉鸟的血清含有流感病毒抗体，并且在过去的某个时候，这只鸟已经被感染了流感病毒（这个测试并没有显示出是哪种流感病毒）。等回到澳大利亚国立大学的实验室，还有更多的测试需要去做。

作为一名生物化学家，拉弗选择了测试羊肉鸟血清阻断流感病毒表面神经氨酸（苷）酶的活性能力（见第2章）。当这种酶激活时，释放出一种化学物质，使指示剂变为红色；当这种活性被（抗体）阻断时，指示剂仍然为无色。问题是，在测试中使用哪种病毒？拉弗选择了1957年亚洲大流行的H2N2流感病毒。在第一批羊肉鸟血清中，20个测试样品中有1个显示无色。拉弗描述了当时兴奋的心情："科学研究难得一遇的'尤里卡'（Eureka，古希腊语，意思是"我发现了"）时刻实在令人振奋。"来自一只羊肉鸟的血清抑制了人类流感病毒的酶活性，说明这只鸟先前已被与人类H2N2流感病毒相关的流感病毒感染过。然而，最初的研究结果令人失望：从数百只鸟类获取的咽拭子中没有流感病毒被分离出来，这个结果使得我们再次回到大堡礁的理由变得更加充分。在第二次旅程中，1972 年，从超过 200 多只鸟类中采集的咽拭子中分离出一株流感病毒[28]。该病毒与以前报道的任何流感病毒都不同，它具有新亚型的神经氨酸（苷）酶，被命名为 A/Shearwater/Australia/1/72（H6N5）。病毒来自一只看似健康鸟类的咽喉，随后接种到健康的鸭、鸡和火鸡身上，尽管病毒在这些鸟类中繁殖到很高的水平，但没有引起疾病。

在此期间，我已经来到美国田纳西州孟菲斯的圣裘德儿童研究医院（St. Jude Children's Research Hospital in Memphis，Tennessee）工作。我最喜欢做的事情之一就是去测试其他大陆的迁徙水禽种群，例如加拿大的迁徙鸭。

我们现在知道水鸟中的流感病毒主要在肠道内增殖，通过排泄到水中的粪便传染给其他鸟类[29]。而我们当年意识到多年来一直错误地在鸟咽喉中寻找流感病毒，而不是泄殖腔。1975 年，我们从看似健康的玄燕鸥采集的样品中分离出 8 株流感病毒，从健康的剪嘴鸥的咽喉中分离出 1 株流感病毒。这些病毒的全部特征表明，从剪嘴鸥中分离的一种病毒与 1961 年在南非海岸杀死许多燕鸥的 H5N3 流感病毒相关。但是，剪嘴鸥的这株病毒在鸟类宿主及实验中的鸭、鸡和火鸡宿主中没有引起明显疾病。

这导致了一个关键发现，即不引起流感症状的流感病毒可由候鸟携带，在经历变化后成为杀手。在大堡礁上从鸟类分离出来的所有病毒中，最重要的发现来自阿德里安·吉布斯（Adrian Gibbs）在西北岛上采集的一只玄燕鸥的第 70 号泄殖腔拭子，这株病毒被鉴定为 H11N9 流感病毒，含有之前未曾描述过的神经氨酸（苷）酶。

我们研究的最终目标是为流感提供治疗和应对方法，但是首先我们必须更好地了解病毒的来源。如果能确定流感病毒结构及其成分就可开发一种预防或治愈疾病的药物。因此，拉弗开始在流感病毒神经氨酸（苷）酶分子上寻找"活性位点"，能使病毒与宿主细胞分离并在体内传播，他在瑞士的回旋加速器上用 X 线轰击分子。

科学家从显微镜中获取疾病因子图像常常成为医学突破的关键，但是普通显微镜难以观察到太小的分子图像。分子的结构可以通过 X 射线束衍射的方式确定，X 射线的波长比可见光短得多。然而，使用这种技术获得结构，样品必须制备成可以用于 X 射线束衍射的晶体形式。生物样品放置在化学溶液（如盐溶液）中在特定的条件下形成或"生长"为晶体，就像从糖溶液中生成冰糖。

制备好的晶体是一项富有挑战性的精细任务，在当时，拉弗很可能是世界上最出色的晶体制备者。他从玄燕鸥中分离出病毒的 N9 神经氨酸(苷)酶，并制备了全世界最好的晶体。当时令人难以置信的一种培养晶体技术，是用美国航空航天局（NASA）航天飞机将样品材料送到太空中，在那里的微重力条件下能够形成更大的晶体。不幸的是，"挑战者"号在 1986 年 1 月的爆炸事件使得该方法被暂停。拉弗并没有放弃，继而找到苏联科学家并说服他们将流感神经氨酸（苷）酶送到了和平号（MIR）空间站。然而苏联可能在晶体生长上取得重大突破，使得美国战略家们忧心忡忡，但是计划仍在进行（拉弗热衷于为美国和苏联的战略家们制造争议和问题，并陶醉于此）。

然而战略家们不必担心，在空间站上生长的最好的晶体只是略好于在地球上生长的晶体。一些科学家推测，也许在苏联和平号空间站长出过高质量的晶体，但是由于哈萨克斯坦的补给飞船来回往返和颠簸对晶体没有好处，晶体已经被损害。不过随后的机器人技术的进步使得创造最佳的结晶条件成为可能，从而可以在地球上安全地生长出体积大、质量高的晶体。

当时，根据人类流感病毒 H2N2 神经氨酸（苷）酶的结构，开发了一种名为瑞乐沙（Relenza）的抗流感药物。但是这种药物必须喷到患者呼吸道中，这并不容易，因此需要开发一种更易操作的给药系统。拉弗向加利福尼亚吉利德科学家提供了从玄燕鸥中分离的 H11N9 神经氨酸（苷）酶晶体，用以设计口服的药物，现为罗氏公司产品，即达菲——目前应用最广泛的治疗流感药物。拉弗提出可基于 N2 神经氨酸（苷）酶晶体开发药物，然而利用吉布斯采集到玄燕鸥样品中的流感病毒，获得了近乎完美的 N9 神经氨酸（苷）酶晶体，于是便成就了达菲的问世。所以，在沙滩上的一次散步促成了对大流行流感病毒来源的深入了解，为一种重要的流感新药开发做出了贡献。

第 4 章

探索指向加拿大野鸭
The Search Moves to Wild Ducks in Canada

在成功从大堡礁的海鸟身上分离出流感病毒后，格雷姆·拉弗和我决定测试在世界各地区其他鸟类中是否也可以找到与人类相关的流感病毒。世界上最大的远海（公海）鸟类种群之一，是在秘鲁和智利海岸线之外的瓜诺群岛（Guano Islands）上，这些岛屿是由数百万只海鸟的粪便日积月累堆成的，被用于农业肥料开采。在美国佛罗里达群岛西端的干龟群岛（Dry Tortugas）上，栖息着许多其他的海鸥和较小的玄燕鸥群。1974 年，我们凭借在大堡礁上磨炼出来的技术，将这些岛屿上的鸟类种群作为研究目标，从干龟群岛收集了超过 1000 个样本用于血清学和病毒学研究。

4 年后，我们在瓜诺群岛进行了考察。这项考察得到了世界卫生组织与秘鲁政府的支持，秘鲁政府提供了科考船作为前往岛屿的交通运输工具。我们从这些庞大的鸟群中收集了数以千计的血清样本、咽拭子和粪便拭子。这些鸟群一生都在海上度过，只在筑巢和养育幼崽时例外。上面提到的 2 项研究最后都是徒劳无功，因为，我们没有在任何样本中检测到抗体或流感病毒。显然，不是所有的远海鸟类种群都感染了流感。找到那些受到病毒感染的鸟类需要在正确时间和正确地点。我们需要改变方法。

我决定专注于自己的居住地。同事们发表的论文报道了在加拿大鹅（加拿大雁，*Branta* canadensis）这种候鸟体内检测到禽流感病毒抗体 [30]，而且加利福尼亚自由飞行的鸭中发现了流感病毒 [31]。因为孟菲斯（Memphis）在密西西比河路沿线上，从加拿大飞往南美洲越冬的迁徙水禽的飞行路线经过此地，所以正是研究这些鸟类的绝佳场所。

每年有数百万只野鸭和鹅飞向南方，其中一部分被猎人捕获。负责监测鸟类种群的加拿大和美国野生动物管理局规定了可猎杀鸭和鹅的数量以及不同地区狩猎季的时间，通常允许在两个时间段狩猎：11 月中下旬和 12 月上旬。

事实证明从猎人射死的水鸟中获取样本是很容易的。许多美国猎人不太喜欢清理他们自己打到的野鸭，所以把它们带到一个处理站，在那里付费拔毛和去除内脏。经阿肯色州西孟菲斯的一个名为"米诺鱼桶"处理站老板许可，我们和两位女士在后面的房间一起愉快地在野鸭被处理之前收集样品。处理站的雇员们将死野鸭靠在转鼓上，转鼓带有长长的橡皮手指，用于去除所有绒毛和羽毛；然后，他们取出内脏并将鸭身清洗干净，将精美包装、可立即烹饪的野鸭送还给猎人。羽毛被装入袋子里，卖给羽绒相关床上用品和服装制造商。而与此同时，我们却收集野鸭的咽拭子，并将它们存放在一个装有冰块的冷藏箱（冷却器）中。

在回到实验室后，如第 2 章所述，我们将拭子周围的少量溶液注入 10 日龄的鸡胚中。在 35℃ 孵育 2 天后，我们从鸡蛋中取出少量液体样品，加入几滴鸡红细胞来检测病毒是否存在。如果存在流感病毒，细胞就会结块或发生血细胞凝集现象。

在来自野鸭的第一批样品中，我们发现了流感病毒，命名为 A/Duck/Memphis/546/74（H11N9）。就像大堡礁上的鸟类流感病毒一样，这种病毒在注入幼鸭的喉咙和眼睛后没有引起任何疾病[32]。

在采集野鸭样品的第一季期间，大约有 2% 的鸟携带了不同亚型的流感病毒。我们想知道野鸭中的病毒含量是否有所提高，以及病毒分布是否存在于包括呼吸道在内的所有器官。一位来访的俄罗斯科学家，玛雅·亚赫诺（Maya Yakhno）被安排做一项工作，就是将感染的鸭子所有器官分离并且确定其含病毒水平。这项简单的研究导致了另一个"尤里卡"时刻。亚赫诺发现病毒存在于肠道的所有部位，并且在粪便中的病毒数量最多。这一发现最终导向了一个重大认知，即流感病毒在水鸟中会引起肠道感染 [33]。粪便中的病毒数量竟高达每克粪便 1 亿个病毒单元，病毒可能是通过被污染的水体从一只鸟传播到另一只鸟。这意味着，猎人的靴子上很可能带有流感病毒，并把它们带回了家，而对农民来说会把病毒带回到禽舍。这也意味着，野鸭携带的病毒足够感染较小池塘中的其他动物。

　　孟菲斯正好位于鸟类向南迁徙路线上，我们想知道病毒的检测比率低是否因为这一时期是流感暴发末期。也许，寻找流感病毒的最佳地点是夏季的加拿大，就在鸟类向南方迁徙之前，当地的野生动物管理局会给它们绑带标记。我给加拿大野生动物管理局发了大约 20 封信，并解释了研究建议方案。加拿大野生动物服务局（现属加拿大环境部）埃德蒙顿办公室（Edmonton office）的布鲁斯·特纳（Bruce Turner）回复同意让我参与 1976 年 7 月的绑带标记。我带着在大堡礁上使用的一系列设备飞抵埃德蒙顿，这些设备包括聚酯纤维喉拭子、收集瓶、血清小瓶和用于冷藏样品的装液氮的杜瓦瓶（图 4–1）。

▲ 图 4-1　1977 年 8 月 22 日，加拿大阿尔伯塔省弗米利恩附近的一个湖上的野鸭陷阱，加拿大野生动物服务局（现属加拿大环境部）的布鲁斯·特纳（身穿红色衬衫），这幅图显示了从陷阱捕获的野鸭和水体中分离出不同的流感病毒

特纳的绑带标记团队是一群团结合作的年轻人，他们非常欢迎我的加入。在他们的卡车上装载了野鸭陷阱和成袋的谷物袋。这些陷阱是大型的铁丝笼，用谷物当作诱饵，鸟类一旦游进去就出不来了。它们被放置在弗米利恩（Vermillion）附近位于阿尔伯塔省（Alberta）南部小湖泊边缘的漂浮塑料板上。陷阱上放置一个粗麻布谷物袋，避免被捕获的野鸭受到太多阳光照射。

第二天早上，每个陷阱捕获了 5 ～ 10 只鸟。在给每只鸟戴上有着独特数字的绑带前，先记录鸟的种类（如绿头鸭、针尾鸭等），并评估年龄。年龄小的鸭子生长之快，以至于需要专家来确定他们处于少年期还是成年期。一只鸟已经戴上了绑带并被记录信息后，又被戴上第二个绑带。尽管这种情况极少，但还是偶尔会发生。

最初，我只是从咽喉里取了拭子样品，但到了第二年，就像在大堡礁一样对鸟的两端都进行了采样，并从翼静脉采集了血液样本。这些将野鸭带到岸上的人非常有耐心——取拭子和采血延缓了他们正常工作效率，使得某些天工作时间变得很长。所有不同种类的野鸭都在为向南迁徙做准备，它们都丰满而健康。

特纳和他的工作人员非常怀疑这些健康鸟类怎么可能携带流感病毒。我们多次在晚餐时间讨论了这个话题，因为他们既是生物学家又不轻易推迟饭点！我给他们留下了很直观的印象——一位他们一直容忍的致力于从健康鸟屁股上取粪便拭子的疯狂教授。

但是，孟菲斯实验室对这些样本的分析结果令人惊讶：高达 18.5% 的少年期鸟（当年孵化）和 5% 的成年鸟排泄物中有流感病毒。当一株流感病毒占优势时，可以少量地分离出多种不同亚型病毒[34]。当把结果送回给特纳及其工作人员时，我希望他们能认定我这位教授也许并不那么疯狂（图 4-2）。

对加拿大野鸭的采样工作到现在已经持续了将近 40 年了，并非所有结果都发表在科学杂志上或被持续跟进研究。一项抽样研究试图发现湖中的鱼

1976—2016 年加拿大阿尔伯塔省野鸭中流感病毒监测结果

亚型	N1	N2	N3	N4	N5	N6	N7	N8	N9	合计
H1	145	15	7	0	3	5	0	2	1	178
H2	1	1	28	4	2	0	0	0	5	41
H3	34	23	4	3	10	94	0	1038	6	1215
H4	5	46	6	8	9	673	0	50	4	801
H5	0	6	1	0	1	0	0	0	0	8
H6	7	718	5	13	167	167	0	110	4	1191
H7	3	1	32	0	0	0	0	6	2	44
H8	0	0	0	15	0	0	0	0	0	15
H9	6	5	0	0	3	1	0	0	0	15
H10	3	0	1	1	1	4	52	1	0	63
H11	0	1	1	1	2	2	0	1	31	39
H12	2	0	0	1	22	0	0	0	0	26
H13	0	0	0	0	0	0	0	0	0	0
H14	0	0	0	0	0	0	0	0	0	0
H15	0	0	0	0	0	0	0	0	0	0
H16	0	0	0	0	0	0	0	0	0	0
合计	206	816	85	46	220	946	52	1209	56	3636

均为低致病性的亚型

野鸭从加拿大阿尔伯塔省开始的迁徙路线

绿头鸭

针尾鸭

绿翅鸭

赤膀鸭

▲ 图 4-2　1976—2016 年加拿大阿尔伯塔省野鸭中的流感病毒监测结果显示了血凝素和神经氨酸（苷）酶的不同组合

优势的病毒每年都在变化，其中 H1N1、H3N8、H4N6、H6N2、H6N5 和 H6N6 是最常分离到的病毒。人类 H1N1 和 H3N2 的相应病毒被分离了出来，而 H2N2 仅被分离到一次。在这些迁徙鸭中未检测到 H13、H14、H15 和 H16 的分离株。对几种不同的鸭类进行了取样，包括绿头鸭、针尾鸭、赤膀鸭和绿翅鸭，结果从所有鸭类中都分离到优势流感病毒。大多数鸭类迁徙至美国南部各州越冬，但是水鸭迁移远至南美洲北部 [此表由圣裘德儿童研究医院的斯科特·克劳斯（Scott Krauss）提供]

是否感染了鸭子携带的流感，或含有可检测水平的病毒。在采样的第二年（1977 年），我带着普通采样用品以及一张由北美西尔斯·罗巴克百货公司特别制作用于捕鱼的刺网和家人一起从孟菲斯开车到阿尔伯塔省。

在第一天早上第一个采样点，我把刺网从车上推出来，问特纳我应该把它放在哪里。特纳来自纽芬兰，他对大多数事情都泰然处之。但是这一次，他气得脸色发紫，准确地告诉我应该把它放在哪里。我并不知道刺网在加拿大是非法的，也不了解野生动物管理人员用刺网被认为是可耻的行为。在那次行程中，我没有对鱼类进行流感取样。

那天晚上，我最小的儿子詹姆斯利用在孟菲斯的一家杂货商店中花 10 美分买的白色毛状诱饵，捕获了一条很大的白斑狗鱼（*Esox lucius*），那几乎是他能捕到的最大鱼类大小的极限，着实让所有人感到惊讶。

一直没有见到鱼咬钩的当地人也跑来查看詹姆斯的诱饵。我们太急于吃掉捕获的鱼，却忘记了在烹饪之前对鱼进行采样，所以，尽管已经与加拿大野生动物管理人员进行了 40 多年的流感合作研究，我仍没有从鱼中采集过科学样本。

在那次采样后，我的妻子玛乔丽（Marjorie）驾车带着家人和放在绝热的液氮容器中的样品返回了孟菲斯，而我则飞到澳大利亚与拉弗会合。那天早上车朝南行驶时，孩子们对为什么后面的车一直在打闪光灯感到好奇。玛乔丽首先担心的是样品以及入境许可证，当警察弄清了这辆车是在美国田纳西州登记车辆后，对于她每小时超过 80 英里的行驶速度处理显得非常仁慈。警察询问她是否是因匆忙赶回去参加将在第二天举行的"猫王"葬礼，然后他请她放慢速度，因为当时美国高速公路限速是每小时 55 英里。

另一个尚未解决的问题是，流感病毒是否会在冰冻的湖泊中越冬存活，并在野鸭春季返回时重新感染它们？在 1978 年仲冬，特纳和他的团队在冰上钻洞并取得水样。我们未能从几十个水样中分离出流感病毒，但是其他研究表明，这些病毒在实验室中低温下可以存活几个月。后来在合作研究中，我

们的加拿大同事在野鸭春季向北迁徙回到加拿大繁殖地的途中，收集了它们
的泄殖腔和咽部的拭子。大约 0.2% 看上去健康的返程野鸭正在"排出"不同
亚型的流感病毒。因此，流感病毒冬季仍然可能存在于鸟群中，虽然不太活
跃，但我们不能排除某些流感病毒是来自解冻湖泊的可能性。

* * *

我们的研究结果从最初被怀疑到后来被接受。我们对加拿大鸭子的开创
性研究在许多方面引发了全球对水鸟中流感病毒的兴趣，并建立了许多现代
流感病毒生态学原理和方法，其中包括野生水鸟的确是会演变成人类流感病
毒大流行的主要流感病毒存储库，而这些研究工作一直到今天仍然持续着。
1975 年，世界卫生组织邀请圣裘德儿童研究医院成为人类和动物流感病毒生
态学合作中心，这一角色将继续发挥作用。

特拉华湾：正确的时间 和正确的地点

Delaware Bay: The Right Place at the Right Time

第
5
章

在流感病毒生态学中最重要的自然事件之一就发生在每年 5 月的新泽西州特拉华湾（Delaware Bay，New Jersey）海滩上，成千上万的马蹄蟹（*Limulus polyphemus*）在 5 月的第一个满月上岸，在沙滩上交配产卵。而恰恰正是在这个时候，成千上万迁徙的水鸟（红腹滨鹬和翻石鹬）正从南美洲不停地飞来。这些鸟类选择这样的迁徙时间，通过食用马蹄蟹卵补充能量，在飞往加拿大丘吉尔湾以及再往最北端进行交配和繁殖之前增加 30% 的体重。在特拉华湾，这些鸟类将流感病毒传播到海滩区域，这片海滩是它们与同样以马蹄蟹卵为食的当地海鸥和涉水鸟类共享的 [35]。马蹄蟹在这一惊人的系列事件中被称为"关键物种" [36]。

马蹄蟹是一种非常古老的生物，甚至在恐龙之前就已经出现了。它们生活在海洋和海湾的底部，以蠕虫和其他无脊椎动物为食。从缅因州到墨西哥的北美东海岸海滩上都能找到它，但是到目前为止，特拉华湾的种群密度是最高的。

雄蟹在 5 月的第一个满月时分来到海滩上，而个头将近于雄性 2 倍的雌蟹不久后也将到达。雄蟹选择一个伴侣，并用一个特殊的足肢将自己附着在它身上，雌蟹同时在湿沙中挖洞并将卵产在其中，提供给附着的雄蟹和其他未附着的雄蟹为其受精。每个雌蟹可以产下多达 5 个巢的卵——总共多达

80 000 个卵。

在 20 世纪 80 年代，特拉华湾的海滩上被马蹄蟹所覆盖，海岸线水面上明显能看到一层绿色蟹卵。

这些蟹卵正是迁徙水鸟所需的能量，它们从距此 4828 公里的巴西南部贝谢湖国家公园（Lagoa de Peixe National Park）飞行 4 天后抵达此处。5 月份，多达 25 种海鸟聚集在特拉华湾享用马蹄蟹卵[37]，除了红腹滨鹬（Calidris canutus）和翻石鹬（Arenaria interpres）以外，数量最多的鸟类是三趾鹬（Calidris alba）、半蹼滨鹬（Calidris puslla）和 3 种鸥类：巨大的黑背鸥（Larus marinus）、鲱鸥（Larus argentatus）和笑鸥（Leucophaeus atricilla）。最令人惊奇的是红腹滨鹬，从南美洲最南端的火地群岛经过 3 次转折迁徙到特拉华湾（图 5-1）。在这次长距离迁徙之前，它们狼吞虎咽地进食贻贝并将它们转化为脂肪，以至于其体重增加 14 倍。然后，鸟的生理特征发生了变化：那些飞行不需要的器官（肝脏、腿部肌肉和肠道）体积变小，以容纳储存更多的脂肪。这意味着，它们无法在途中消化固态食物，而特拉华湾凝胶状的马蹄蟹卵正好是完美的食物。

对我们而言，最感兴趣的水鸟是翻石鹬。这些鸟类（和其他物种）从美国大西洋东海岸和南美洲北部海岸飞到这里，通常在迁徙的最后一段路程里红腹滨鹬也加入其中。这两个物种在前往加拿大的北极繁殖地途中竞争食物。

由于我们在美国海鸟（秘鲁瓜诺群岛，佛罗里达州干龟岛）两次尝试检测流感病毒并未取得成果。于是，我们在圣裘德儿童研究医院的团队正在寻找合适的时间和地点再次尝试。在 1983 年的科学会议上，拉里·格雷夫斯（Larry Graves）展示的关于 1977—1979 年在巴尔的摩（Baltimore）垃圾填埋场检测海鸥中发现几种流感病毒的研究结果提供了第一条线索，相关书面报告多年后才出现[38]。另一条线索来自一位英国鸟类学家威廉（比尔）·斯莱登［William（Bill）Slayden］，他了解 5 月份特拉华湾的水鸟迁徙活动，并据此提出了采样建议。

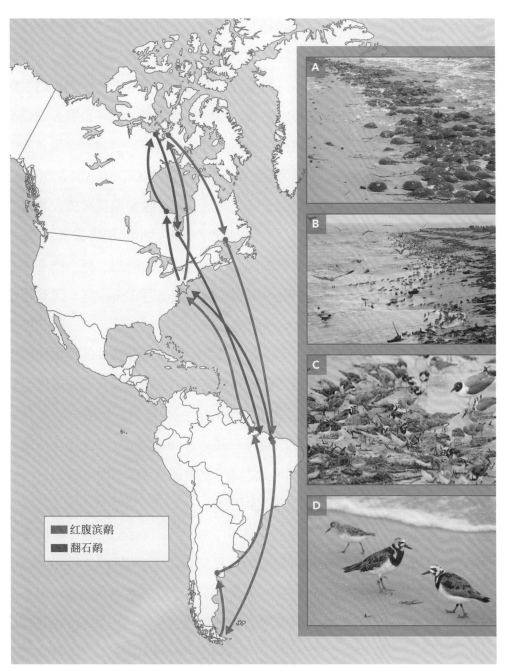

▲ 图 5-1 红腹滨鹬和翻石鹬的迁徙路线

红腹滨鹬从南美洲最南端的火地岛经过 3 个停留点飞到特拉华湾，再从这里前往加拿大北部繁殖。翻石鹬从南美洲北部加入了迁徙路线。一些翻石鹬沿着海岸线飞到特拉华湾。在五月的第一个满月，马蹄蟹爬上特拉华湾（金色五角星）的海岸并在沙子里产卵（A）。经过长距离迁徙的红腹滨鹬和翻石鹬（C,D）加入常驻海鸥和水鸟（B）行列食用马蹄蟹卵来补充能量。翻石鹬是我们最感兴趣的鸟类，在 D 中单独显示，C 中显示以红腹滨鹬和翻石鹬为主的多种鸟类。在每年的鸟类计数和取拭子时，给翻石鹬绑带标记（D）[照片由圣裘德儿童研究医院的杰尔·帕罗拜克（Jere Parobek）提供]

1985 年 5 月，我们第一次造访特拉华湾时，一开始不知道在哪里能找到这些鸟类，最终，我们还是在瑞兹海滩（Reeds Beach）找到了它们。那景象非常惊人：海滩上遍布着翻倒的马蹄蟹壳，而且挤满了水鸟，它们一边在潮湿的沙子中挖出蟹卵，一边疯狂地进食。随着一些鸟类的离开，更多的鸟类又到来，大多数都是红腹滨鹬和翻石鹬。新鲜的粪便样品很容易收集，我们沿着海岸线跟随着鸟类，用涤纶棉签收集新鲜排出的粪便，放入装有 50% 甘油的小瓶中，甘油中含有抗生素用于抑制细菌生长。收集瓶直接放入装有普通冰块的冷却器，在收集后的 3 天内，样品被空运到孟菲斯的实验室。

在实验室里，更多的抗生素被加入到每个样品中，随后，每个样品中的少量被取出并被注入 10 日龄的鸡胚中，在 35℃中培养 2 天。第一批鸡胚产生了许多凝集鸡红细胞的样品，这表明流感或副流感病毒的存在，副流感病毒是一种来自野生鸟类的病毒，可以感染和杀死鸡，大约 20% 的样本检测出流感病毒阳性[39]。这使我们欣喜若狂。在接下来的 2 年里，我们分离出当时已知的 12 种不同血凝素亚型流感病毒中的 10 种病毒流感，包括与导致 1918 年大流感相关的 H1N1 亚型流感病毒，以及导致中国香港地区 1968 年流感大流行的 H3N2 亚型流感病毒。另外，我们还发现了 H7N3 亚型流感病毒，它们可以演化成为令鸡和火鸡致命的流感病毒。

我们意识到，我们发现了流感病毒的"金矿"！自此，我们每年都会去发掘这种资源。大多数病毒来自翻石鹬。我们在 3 年内隔月对常驻的海鸥、三趾鹬、燕鸥和其他水鸟采样，在 5—6 月期间检测到高水平的流感病毒，在 9—10 月检测到的流感病毒水平非常低，在其他的月份中没有检测到病毒。9—10 月的流感病毒低检出率是来自于在返回迁徙中偶尔到来的红腹滨鹬和翻石鹬，而其他月份的流感病毒零检出率说明了为什么对水鸟单次采样可能分离不到病毒。这就是在正确时间和正确地点采样的案例。

在我们的发现之后，欧洲、亚洲、澳洲的流感病毒学家开始对他们国家同样的物种进行抽样检测。他们也确实发现了流感病毒，但发现率远低于我们 5—6 月在特拉华湾发现的情况。一些国际上的同事很难相信我们发现的结果，甚至专程来到特拉华湾做检测，他们证实了我们的结果。

我们现在知道，特拉华湾是红腹滨鹬和翻石鹬迁徙期间的流感病毒热点地区[40]，但是，我们仍然不知道为什么。我们可以推测，迁徙鸟类在长期飞行后所承受压力，可能易受感染。我们在来自美国沿海地区的翻石鹬中没有检测到任何流感病毒抗体，这些鸟类与其他物种的大量聚集为流感传播提供了最佳条件。病毒的实际来源是什么？一种可能性是，翻石鹬这种贪婪的食腐鸟类，从南美洲北部沿海城镇其他动物或鸟类甚至人类垃圾中感染了病毒[41]。但我们不能确定，这表明仍有重要的谜团需要解决。

多年来，许多志愿者帮忙在特拉华湾收集样本，这其中包括研究人员的孙女。我一个 3 岁的孙女颇有帮助地指出，"看，爷爷，鸟粪！"其他帮手还包括国家地理纪录片的工作人员，他们录制了特拉华湾的流感监测活动。来进行交流的高级分子生物学家们无法相信，这些从南美洲飞来的健康又漂亮的鸟类可能携带流感病毒。

在特拉华湾调查流感病毒 30 多年来，我们收集了大量病毒样品。目前，从自然界中的水鸟中鉴定出 16 种甲型流感病毒亚型，在鸭子和水鸟中都找到了其中的 15 种。到目前为止，在美洲尚未发现 H15 亚型，但在欧亚水禽中发现了 H15 亚型。

不同的流感病毒亚型具有不同的优势周期，一种亚型在一个地区占主导地位一年，并在下一年被另一种亚型取代。这些来自鸭子和水鸟的流感病毒提供的背景信息，使我们能够在 20 世纪 90 年代末提出甲型流感病毒生态学原理。

- 野生水鸟是其他物种（包括人类）中发现的大多数甲型流感病毒天然储存库（图 5-2）。最近在蝙蝠中发现了 2 种流感病毒亚型，因此在鉴定病毒储存库方面还有很多工作要做。
- 病毒主要在水鸟的肠道中复制。

1985—2016 年英国特拉华湾水鸟和海鸥的流感病毒监测结果

亚型	N1	N2	N3	N4	N5	N6	N7	N8	N9	合计
H1	30	5	10	8	2	1	3	7	39	105
H2	10	0	3	2	0	0	6	3	3	27
H3	5	44	4	7	3	34	1	72	0	170
H4	0	0	0	0	0	52	0	1	9	62
H5	5	7	4	8	0	0	2	7	4	37
H6	11	15	1	15	2	0	0	31	1	76
H7	3	2	74	5	2	0	8	2	1	97
H8	0	0	0	3	0	0	0	0	0	3
H9	5	26	0	9	21	2	5	5	22	95
H10	14	15	0	13	29	2	109	16	8	206
H11	12	47	4	19	0	1	10	6	68	167
H12	2	3	8	55	59	0	14	2	3	146
H13	1	20	2	1	0	29	1	0	3	57
H14	0	0	0	0	0	0	0	0	0	0
H15	0	0	0	0	0	0	0	0	0	0
H16	0	1	14	0	0	4	0	0	0	19
合计	98	185	124	145	118	125	159	152	161	1267

均为低致病性的亚型

翻石鹬　　　　红腹滨鹬　　　　银鸥　　　　笑鸥

▲ 图 5-2　1985—2016 年在特拉华湾水鸟和海鸥中监测流感病毒结果

与迁徙鸭一样，优势病毒也是每年变化。大量不同组合被分离出来，包括人 H1N1 和 H3N2 对应流感病毒亚型，但没有检测到 H2N2 亚型。值得注意的是，H7N3 亚型病毒经常被分离到，它是在智利和墨西哥的家禽中成为杀手株流感病毒的前体病毒。没有分离出 H14 或 H15 亚型病毒，但在水鸟和海鸥中存在未在阿尔伯塔省野鸭中检测到的 H13 和 H16 亚型病毒 [该表由圣裘德儿童研究医院的斯科特·克劳斯（Scott Krauss）提供]

- 它们没有造成明显的疾病症状而被认为是"低致病性"。

- 地理学上分为欧亚和美洲谱系。

- H5 和 H7 两种亚型流感病毒具有独特性，可在传播到家鸡和火鸡中后成为高致病性病毒。

- 已知只有 H1、H2 和 H3 亚型流感病毒造成人类流感大流行。

多年来，这其中的一些结论遭到了相当多的质疑，尤其是人类流感大流行可能从水鸟中出现的观点。这种情况在 1997 年中国香港地区发生 H5N1 亚型病毒"禽流感"之后发生了变化。从那以后，"同一个世界，同一个健康"的理念逐渐被接受，即非人类的动物储存库中的病毒，如流感、寨卡（Zika）和重症急性呼吸综合征（SARS）传播到其他动物包括人类时，可能成为杀手（图 5-3）。

在 20 世纪中叶，马蹄蟹数量巨大，因而成为人类开发利用的对象。由于它们含很少的可食用组织，因此被研磨成农用肥料和鸡饲料。马蹄蟹被切成段时会散发出强烈的引诱气味，它们也常被渔民用作捕捉海螺和鳗鱼的诱饵。

马蹄蟹也有助于我们对人类视觉的理解。这种蟹类有一个巨大的视神

同一个世界，同一个健康

"同一个世界，同一个健康"的概念是基于人类和动物（家养和野生）健康与其所生活的生态系统密切相关的认识。多达 60% 的已知人类疾病来自家畜或野生动物和鸟类。流感即是体现这一概念的疾病之一。

1980 年以前，人们根据病毒所感染的物种，将流感病毒分为四个不同的组：一组感染人类，一组感染猪，一组感染马，一组感染禽类。但是，在流感科学认识到来自不同物种之间流感病毒的密切关联后，于 1980 年制订了统一的命名系统。

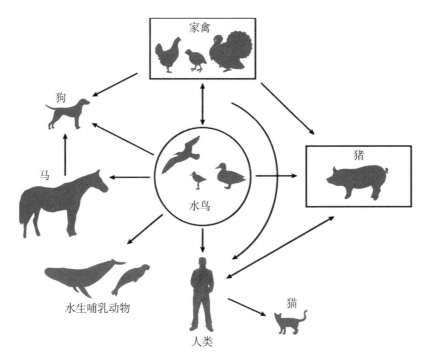

▲ 图 5-3　甲型流感病毒在野生水生鸟类（圈内）中的自然宿主，及其通过中间宿主传播给包括人类在内的哺乳动物图解

黑色实线表示可能的种间传播。方框表明作为中间宿主的物种，它们最有可能涉及带有大流行潜力的人畜共患病毒的出现（流感病毒已从蝙蝠中被分离出来，但它们在种间传播中的作用尚不清楚）

经，使得霍尔登·凯弗·哈特兰（Haldan Keffer Hartline）能够解释眼睛中的受体如何让我们看见东西。这项研究使他获得了 1967 年诺贝尔生理学或医学奖［与拉格纳·格拉尼特（Ragnar Gramit）和乔治·沃尔德（George Wald）一起］。

此外，对马蹄蟹血液的研究确定了一种特殊物质，可以保护这种蟹类在污浊环境中免受感染，被称为鲎变形细胞裂解物（LAL），这种物质被提取出来作为细菌内毒素（一种细菌细胞产生的毒素，可导致人类疾病症状）污染临床检测的基础。美国食品和药物管理局现在要求将该检测应用于所有仪器、药物和疫苗（包括流感疫苗）的生物污染，而且这种检测方法在欧洲和日本也被使用。因此，每年多达 25 万只马蹄蟹被捕获，其血液样本由制药公司收集用于制备鲎变形细胞裂解物。尽管被采样后的马蹄蟹仍被送回特拉华湾，但这导致它们其中的 15% ～ 30% 死亡 [42]。

不出所料，人类对马蹄蟹的过度利用已导致其数量严重减少。在更便宜的人工饲料上市之后，人们不再需要把马蹄蟹研磨制成饲料，但捕捞海螺和鳗鱼的渔民对它们的需求量却增加了。到 20 世纪 90 年代，马蹄蟹数量已经下降到原来的 1/10 或更少，对以蟹卵为食的迁徙水鸟造成了灾难性影响，红腹滨鹬和翻石鹬的数量分别下降了 86% 和 75%。很多鸟类未能达到飞往北极所需重量阈值，在前往繁殖地的旅程中丧生。到 2006 年，红腹滨鹬的数量比 20 世纪 80 年代下降了 86%。

然而，由于美国沿岸协会和大西洋沿岸国家海洋鱼类委员会提供的海岸保护和资源管理，现在在 5 月 1 日至 6 月 7 日期间禁止捕捉马蹄蟹。每个州都将捕捉量的上限定为 150 000 只，捕捞海螺的渔民被要求使用诱饵袋等节省诱饵设备，减少马蹄蟹的使用。5 月下旬人类被限制进入海滩。

一旦将马蹄蟹翻倒，它们就很难翻正，这也是我们第一次到访时看到海滩遍地蟹壳的原因之一。我们的许多来访同事和家人花费了大部分时间将螃蟹翻正，这样它们就可以回到海里。拯救马蹄蟹至关重要。

现在红腹滨鹬的数量稳定了下来，并开始逐渐增加，但是翻石鹬的数量仍然在减少。随着迁徙水鸟类的减少，流感病毒出现的频率和多样性都没有改变，但收集样本的工作变得更加困难了。流感病毒学家与鸟类保护机构密切合作，以确保从海滩收集粪便样本时对正在进食的鸟类干扰最小，当野生动物专家捕获鸟类并绑带标记进行种群研究时，病毒学家则借机采集样本。

证明跨种传播
Proving Interspecies Transmission

早在 20 世纪 60 年代,在灾难性的亚洲 H2N2 亚型流感病毒出现后,我便开始联系那些保存了流感病毒的人。我想确定这些病毒中是否有一种可能与 1957 年造成至少 150 万人死亡的流感大流行有关。赫利奥·佩雷拉(Helio Pereira)在伦敦磨坊山国立医学研究所的实验室,是储藏了来自人类、马、猪和鸟类的流感病毒的最大储存库之一。

佩雷拉是世界流感中心的主任,该中心是世界卫生组织合作开展流感研究的实验室之一,他和我都是用动物储存库假说解释人类流感大流行起源的支持者,他非常有兴趣想知道,我们能否发现近来确认的亚洲大流行 H2N2 流感与来自于他实验室保存的其他各种动物流感病毒之间的任何交叉反应。一名来自捷克斯洛伐克的流感病毒学家贝拉·图莫瓦(Běla Tůmová)也加入了这项研究工作,她曾在大鼠中制造针对 H2N2 亚型流感病毒和一些动物流感病毒的抗血清[43]。抗血清中含有感染或接种疫苗后身体自身产生的针对病毒的特异性抗体,抗血清被用于鉴定未知流感病毒。

在 1967 年的初步研究中,我们使用来自捷克斯洛伐克的大鼠血清和来自伦敦磨坊山的雪貂血清,来确定针对动物流感病毒的血清是否会与人类流感病毒发生反应。我们在 3 个完全不同的测试中发现,1965 年在马萨诸塞州从火鸡中分离出的流感病毒与引起 1957 年流感大流行的人类流感病毒之间存在强烈反应。这个测试的反应非常强烈,以至于我们不太敢相信结果,并担心人类病毒可能被动物病毒污染，或者动物病毒被人类病毒污染。经过详尽的研究，我们排除了这种可能性，并得出结论，火鸡和人类流感病毒确实有一些共同之处。我们非常高兴，因为这个结果提供了动物流感病毒是至少部分人类流感大流行病毒来源假设的第一个确凿证据。我们的下一步是确定火鸡和人类流感病毒共享的是哪一部分——是如我们所认为的神经氨酸（苷）酶刺突还是血凝素刺突[44]？

当这些研究正在伦敦进行时，我在堪培拉的亲密同事格雷姆·拉弗已成功地以化学纯化方法分离出了流感病毒的两个主要表面刺突：血凝素和神经氨酸(苷)酶。当回到堪培拉时，我制备了针对纯化的血凝素和神经氨酸(苷)酶的兔抗血清并分别对其进行了特异性地鉴定。佩雷拉鼓励我把这些抗血清带到伦敦，以回答火鸡病毒和人类流感大流行病毒到底共有哪些成分。

1967 年年初我如旋风般经历 2 天的行程回到磨坊山，我们建立开展了大堡礁研究中使用的神经氨酸（苷）酶抑制试验，结果表明，1957 年流感病毒神经氨酸（苷）酶的特异性抗血清完全抑制了火鸡流感病毒的酶活性。我们还发现，佩雷拉收集的病毒中另外 3 种禽流感病毒具有与 1957 年人流感病毒神经氨酸（苷）酶非常密切相关或血清学相同的神经氨酸（苷）酶。其中一种病毒是来源于 1966 年威斯康星州的火鸡，另外 2 种是来源于在同一年意大利的鸭子[45]。这些发现，进一步支持了 1957 年人类流感大流行病毒是从动物流感中获得其神经氨酸（苷）酶成分的想法。

但是人类流感病毒是否有可能在自然条件下获得动物流感病毒的片段？我知道墨尔本的弗兰克·麦克法兰·伯内特（Frank Macfarlane Burnet）和帕特里夏·琳德（Patricia Lind）的早期研究中，他们将 2 种不同的甲型流感病毒一起放入鸡胚，发现病毒重新分配（重配或交换）了他们的基因组片段，产生了杂交病毒[46]。如果我们用鸡和猪做类似实验，我们也可能制造出新的流感病毒。由于病毒杂交种对猪或家禽可能是危险的，因此这项研究需要一个高度安全的环境。1970 年我们在孟菲斯的圣裘德儿童研究医院没有高安全级别的实验室，我于是联系了位于纽约长岛西北端梅岛（Plum Island）拥有高安全级别实验室的农业管理部门。

梅岛的实验室旨在保护美国家畜免受"外来"动物疾病及其致病因素的侵害。通过在高安全条件下研究这些外来病原，科学家们开发了疫苗、抗病毒剂和控制策略，以防这些致病病原被引入国内。梅岛实验室的主管杰里·卡利斯（Jerry Callis）对我的提议非常感兴趣，禽流感可以杀死接触到它的每只鸡、火鸡或其他类型的家禽（见第 2 章），而梅岛没有科学家开展这种对美国家禽业有巨大潜在威胁的研究工作。卡利斯邀请我访问该岛，并向他的工作人员介绍了提议的研究工作。这些工作人员也很积极，查尔斯·坎贝尔（Charles Campbell）同意提供工作空间和开展培训，以便我的同事艾伦·格兰诺夫（Allen Granoff）和我可以在他的高级别安全实验室工作。

梅岛距离孟菲斯大约 2000 公里，而这些实验需要几个星期才能完成，因此有必要进行旅行和住宿。旅行很简单，乘飞机到纽约，之后坐公共汽车到长岛的格林波特（Greenport），这是一个离梅岛最近的小镇，然后通过私人政府渡轮到达岛上。最后一站，我们要么有安全通行证，要么与负责安全检查的工作人员一起才能进入目的地。

开始入住后我们就意识到，住宿费用标准令人捉襟见肘。我在梅岛追随的导师查尔斯·坎贝尔前来助我解脱困境，询问卡利斯能否让我们待在岛上安全官员的住所里。在这里，每天晚上都会有一名高级科学官员留在岛上照看实验动物，以防工作人员因风暴无法通过渡轮登岛。卡利斯同意了这一安排，对我们来说这是个巨大的帮助。虽然我们必须自己准备饭菜并打扫房间，但是也有单独的时间能与安全官员讨论科学问题。

每天在实验室工作现场，我们需要脱去自己的衣服并穿上实验室的工作服。在工作时间结束后，我们必须把所有工作服留下，经过彻底淋浴后再穿上自己的衣服。除了人以外，任何东西都不能离开实验室。从这座建筑物释放出来的空气都经过过滤，以除去包括病毒在内的所有颗粒物质，水和废物也要进行高压灭菌。当被确认为完全无菌后，它们才会被丢弃到海里。

在第一个实验中，格兰诺夫和我研究了 2 种不同禽流感病毒一同被注入火鸡体内时，是否会交换病毒之间的表面刺突血凝素（H）和神经氨酸（苷）酶（N）。由于这些实验是在基因组测序技术之前开展的，所以，佩雷拉研究中使用的特异性抗体成为鉴定病毒 H 和 N 蛋白组分的唯一方法[47]。火鸡被感染了致命禽流感病毒（H7N7）和火鸡禽流感病毒（H6N2），后者在家禽中引起轻微疾病，神经氨酸（苷）酶（N2）与 1957 年人类流感大流行的病毒相同。火鸡在 2 天后开始死亡，我们发现，在呼吸道中每 4 个病毒中就有 1 个病毒重配 H 和 N 蛋白，产生了杂交病毒 H7N2 和 H6N7，而 H7N2 病毒对火鸡是致命的[48]。

在第二个实验中，猪被感染了 2 种流感病毒，一种可以在猪体内增殖，而另一种不可以。对于前者，我们用了经典的 H1N1 猪流感病毒，它是 1918 年流感病毒在猪体内持续存在的后代；对于后者，我们用了家禽流感病毒。感染 2 天后，猪出现高热 40℃，我们在肺部样本中发现一些病毒已经交换了表面刺突 H 和 N（图 6-1）。

在两个实验中，我们发现亲本病毒比重配病毒要少，而新的杂交病毒只有在用特异性抗血清抑制亲本病毒后才能检测到。这个现象引导我们提出了问题：自然选择是否会导致新的病毒成为主导？因此，在接下来的实验中，我们让感染各种流感病毒的火鸡，与自然界中被已发现流感病毒疫苗接种过的禽类接触，并预期疫苗能够抑制亲本病毒。我们在已经接种病毒疫苗的禽类中，检测到了具有禽流感病毒 H7 蛋白和火鸡流感病毒 N2 蛋白的流感病毒，而且病毒迅速杀死了接种了疫苗的禽类。

在这些猪的实验中，我们用了人类 H3N2 甲型流感病毒（从人类传播到猪，然后从猪体内重新分离出来的病毒）和经典的 H1N1 猪流感病毒。但是，在这次实验中我们将一种病毒注入一只猪体内，而将第二种病毒注入另一只猪体内，这样使实验更接近现实情况。6 小时后，两只猪被引入接触一组有

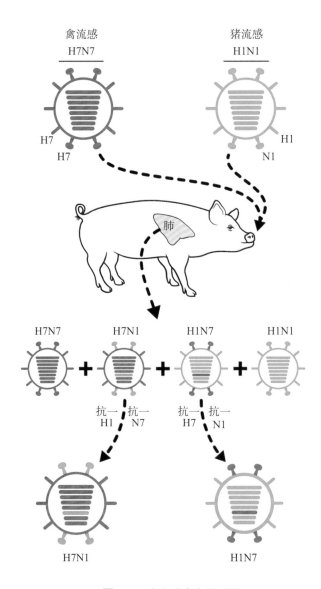

▲ 图 6-1　猪流感病毒的重配

猪被从鼻腔中感染 H7N7 禽流感病毒（在猪中不增殖）和猪流感病毒 H1N1（在猪体内增殖）的混合物。2 天后，猪发高热（40℃）并被处以安乐死。它们的肺中含有多种流感病毒，包括亲本病毒 H7N7 和 H1N1，以及杂交病毒 H7N1 和 H1N7。杂交流感病毒是通过在 H7 和 N1 或 H1 和 N7 组合特异性抗体条件下从肺部的混合病毒中分离得到的

四只未接种疫苗的猪群中。第七天，我们在其中一只未接种疫苗的猪体内检测到 H3N1 杂交流感病毒［H3 血凝素来自人类病毒，N1 神经氨酸（苷）酶来自猪病毒］和另一种可能的杂交病毒（H1N2）。

实验表明，当来自不同物种的流感病毒共同感染动物时，可能出现新的杂交流感病毒。因此，导致 1957 年人类流感大流行的流感病毒的刺突 N2，可能是从动物身上杂交出现的。

所有这些结果令人非常兴奋，梅岛坎贝尔实验室的每个人都意识到，我们已经实现了本垒打。不同动物中的流感病毒确实可以在自然条件下混合并交换成分，并且所得的杂交病毒可能占据主导地位。

当时发生了一个戏剧性的事件，现在回想起来仍然令人兴奋。1972 年，我们在对猪和人类流感病毒进行的第二轮实验中，一位动物实验技术专家在 2 天后打来电话要请病假。又过了一天，他打电话说病得很严重且发高热，这使得我们非常担心。虽然我们可以确保对动物种群和环境保护，但是对人的保护措施却相当原始。我们穿戴着手套、口罩和长袍，有例行的淋浴，但仍缺乏像现在开展这类实验所需的人用防护装备，例如，完全覆盖面部的头罩和面罩的动力空气净化呼吸器（PAPR）。

第三天，这位技术专家留言说他被诊断出患有腮腺炎，于是大家又都松了一口气（尽管腮腺炎对成年男性来说可能是一种严重感染，不过他恢复了健康，而且没有留下后遗症）。虽然这个事件没有导致疾病在人群传播，但却让我们意识到流感病毒在动物之间传播并交换组分是多么容易的一件事情。我确信，在自然界中找到这种重组的证据只是时间问题。而事实上，在 1997 年 H5N1 禽流感在中国香港地区暴发（见第 10 章和第 11 章）之前的 30 年里，我们却一直没有找到这个证据。

在上述病毒重组研究同时，我们开始寻找中国香港地区 1968 年 H3N2 流感大流行可能的亲本病毒或前体病毒。由于这种病毒表面刺突 H 是新发现的，因此我们的研究中也聚焦在这个上面。通过与世界卫生组织合作，我们从世界各地的鸭、猪和马中获取了流感病毒，并与 H3N2 病毒进行比较研究，发现了两种令人感兴趣的病毒。1963 年在迈阿密从马中分离出的一株流感病毒具有与 H3N2 病毒相似刺突 H，同一年中在乌克兰从鸭中分离的一株流感病毒也是如此[49]。

为了确定这 3 种血凝素蛋白质分子之间的相似程度，1972 年，拉弗分离出所有这些病毒血凝素并进行了肽链“绘图”。肽图谱是在序列分析年代之前研究蛋白质的一种关键方法，它将生成一个构成蛋白质的多肽（氨基酸的短序列）图谱。相同的蛋白质具有彼此完全重叠的图谱；完全不同的蛋白质的图谱根本不重叠；蛋白质略有不同则会有少数点不重叠。

根据多肽图谱发现，鸭、马和人类流感病毒的血凝素有一部分是相同的（骨架轻链），而其余部分存在差异[50]。这些分子生物学研究解释了我们和其他团队在血清中分离刺突 H 的相似性，这也成为动物流感病毒通过重组成为 1957 年亚洲 H2N2 病毒和 1968 年中国香港地区 H3N2 病毒中某些组分的强有力的证据。

那次风一般地访问磨坊山佩雷拉实验室、建立神经氨酸（苷）酶抑制测试、确定火鸡和人类流感病毒共享哪种成分的旅程，使我学到了人生中令人难忘的一课。最终得到测试结果的时间非常接近航班起飞时间，因为我急于赶飞机，所以将实验中所有数据都放在托运行李中。抵达香港后，我的行李丢失了，令人抓狂的是我们没有数据备份（这是 1967 年，在计算机时代之前）。这家航空公司花了一个多小时才找到我的行李箱，它因为我办理登机手续太迟而被滞留在希思罗机场。它又被放在了后来飞往香港的航班上，我在登上前往堪培拉的航班之前收到它后才感到释然。

此后不久，我又学到了人生另外一课。对科学家来说，最令人失望的事之一就是自认为惊天动地的工作被科学期刊拒绝发表。这件事就发生在梅岛的研究成果上。我在梅岛和圣裘德的同事们对这些结果感到很兴奋，它们第一次显示了流感病毒“在真实世界的情况下”，当合适条件存在时，可以很容易地重配基因并产生新病毒。我是最感到兴奋的人，因为这些研究结果为 1957 年亚洲和 1968 年中国香港地区流感病毒株的起源提供了可能的解释。当《实验医学杂志》因感到他们的读者“缺乏兴趣”而拒绝这篇文章时，试想一下我极度失望的心情。格兰诺夫立即建议将这篇文章寄给发现流感病毒血凝素的乔治·赫斯特，他现在是《病毒学》杂志的编辑，他应该会认同这篇文章的重要性。事实上，他确实很欣赏并接受了这篇论文，只做很小的改动就发表了。这件事给年轻科学家的教训是，不要对最初的拒稿感到失望，你可能需要尝试一个不同的、更合适的期刊，然后，或许还要再试一次。

病毒学家的中国缘
Virologists Visit China

第 7 章

1957 年亚洲 H2N2 和 1968 年中国香港地区 H3N2 流感大流行最早都是在中国南方被发现的，我们无疑应该到这里来确定这些流感的源头。中国有大量的鸭、鸡、猪及人群，这些肯定是支持我们日渐完善的假说的可能要素。1972 年中期，格雷姆·拉弗和我有幸加入了一个访问中国并从动物中采集流感样本的澳大利亚科学家团队。我们可能是 1966 年后第一批访问中国的西方流感病毒学家，这是一段非常有科学价值的经历。

亚洲 H2N2 流感大流行病毒首先于 1957 年 2 月在中国贵州省贵阳市的人体中被检测到 [51]，这种病毒的血凝素和神经氨酸（苷）酶刺突与 1956 年人类中流行的 H1N1、1918 年流感病毒后代都不相同。全世界人类对这种新的 H2N2 病毒几乎没有免疫力，病毒快速在苏联和中国传播，然后经由航运传播到世界其他地方，约 6 个月的时间就已经影响到全球的人类。1958 年春天，第二波流感袭击了许多国家，全球有 40% ～ 50% 的人受到影响，估计死亡人数为 150 万人（图 2-1）。

亚洲 H2N2 流感病毒后代在 1957—1968 年间在全球流行，直到另一个新的大流行 H3N2 香港株从内地传播到香港，并在中国香港地区首次被报道 [52]。正如流感毒株的名称，H3N2 病毒与之前的 H2N2 病毒具有不同的血凝素刺突，但具有相同的神经氨酸（苷）酶刺突。有一些人已经对这种神经氨酸（苷）酶成分有免疫力，香港大流行的传播速度相对缓慢。在欧洲国家，直到 1969

年 12 月才达到峰值。尽管如此，H3N2 病毒估计导致全球 100 万人死亡。这表明，血凝素刺突的变化足以使病毒引起大流行，对 N 刺突的免疫虽能调节疾病的严重程度，但不足以阻止其在全球传播。

我们当时的梦想就是获准访问中国，对设想中的动物储存库进行采样，了解中国的生活方式或动物的生活模式中是否存在能使人类和动物流感病毒混合（杂交）的因素。拉弗和我也希望与中国的病毒学家建立联系，分享想法和试剂（抗血清）。

1972 年年初，一个来自隶属于现被称为澳大利亚医学科学家（内科医生、外科医生、牙医和公共卫生官员）学会组织研究所的小组正在与中华医学会合作，建立不同学科的信息交流，其中一组人即将访问中国。拉弗联系了这个澳大利亚小组组长，询问我们是否可以加入，并详细解释了理解大流行流感病毒起源的重要性。我们还与世界卫生组织进行了接触，他们很高兴地支持了这次访问。当邀请函到来时我们非常兴奋，中华医学会允许我们带着拭子和小瓶去采集动物样本，并带上血清用以鉴定我们收集流感病毒表面可能的各个组分。

虽然澳大利亚的 17 名医务人员是应中华医学会邀请来访，但不被认为是官方代表，行程是由中国国际旅行社安排在 1972 年 9 月 9 日至 10 月 4 日期间。我们的访问始于中国香港地区并在那里访问了张慧君（Wai-Kwan Chang）博士，他在 1968 年首次报道了这里的 H3N2 流感大流行。我们乘火车前往广州，然后到石家庄、北京，之后是天津。从那以后，我们乘飞机旅行去了沈阳、大连和上海，最后再次乘坐火车到了杭州。访问小组有 2 位导游和翻译，他们带领我们参加每一次会议，并参观每个城市的文化古迹。

1972 年，在广州我们与中华医学会的第一次正式会议上，我们每人都得到了一本毛主席语录，书中收录了毛主席关于新社会的构架及优越性的相关谈话内容。随后，中国医疗官方做了报告，报告中强调了公共卫生的进步，其中包括消除性传播疾病及其目前在肝炎和结核病控制方面的工作，这些报告还解释了针灸控制疼痛和治疗许多疾病的优点。

我们对中国的第一印象是她处在一个灰色调的时期：每个人都穿着中山装、长裤，戴着灰蓝色的帽子，个人交通方式是骑自行车。

整个旅行期间，我们感受到了来自指导我们的官员、许多访问医院的工作人员、病毒学家以及街道上群众的热情欢迎。事实上，当街道上的人们看到我们时会停下来鼓掌，因为这一时期他们没有见到过西方人（图 7-1）。我们都戴着大徽章，上面是用中国字写着的我们的名字，其后写着"不是俄国人"。当时中国与苏联发生边界争端，通过这样的方式作一个重要的区别。

大家希望拉弗和我陪同小组其他人参观我们访问过的大多数城市医院，考察中医的优势并了解它与西医的不同之处。我们还有机会参观中药店，并获得用于治疗流感的草药混合物。作为病毒学家，我们甚至都没有去过手术

▲ 图 7-1　1972 年，我们在中国无论去哪里，街道上的人们都会停下来鼓掌
这张照片显示了我们在参观沈阳北陵

室观摩外科手术。但是，在我们访问广州的第二天，我们穿上手术服、戴上口罩，目睹了仅用针灸做麻醉的手术。一个女人正在接受肺部手术，她的胸腔是敞开的，心脏是清晰可见的。在手术过程中，她还在说话！这真是令人惊奇，我们不能完全相信她是无痛的。在剩下的行程中，我们在所到的每一处都观察了针灸用于疼痛控制，除了在石家庄和北京以外，因为那时拉弗和我与小组其他人员分开与病毒学家会面。我们还看到针灸被用于治疗患有脊髓灰质炎导致的腿部部分瘫痪以及患有关节病症的人。

在见证了针灸控制疼痛的明显效果之后，我很想尝试一下。因此，在我们对医院的一次访问中，一位医生同意对我进行针灸。在这间医院里，人们正在接受脊髓灰质炎导致部分瘫痪的治疗。这位医生通过翻译解释说，在针对下颌右下侧的牙科治疗中，针刺点选用右手拇指和食指之间的位置。医生将针灸针准确插入我的右手并用手轻轻振动，大约 1 分钟后，医生又将一根针灸针插入我的下颌，我没有感觉到疼痛。这是心理作用吗？我永远不会忘记拉弗的问题，当针灸针刺进我手的时候，他问我"肝炎的潜伏期是多久？"——拉弗经典评论。我完全没事，但是我应该问问针灸针使用前是否经过消毒处理。

石家庄的一个军营，有自己的养猪场，还有一个以加拿大医生诺尔曼·白求恩命名的国际和平医院。在那里停留的第一个晚上，我们受到了传统的中国宴会款待，有 13 种不同的菜肴，许多人发表了讲话，当我们举起盛着茅台酒（一种大米做的度数很高的酒）的酒杯时，许多人说"干杯"。毫无疑问，我们在那晚的大部分时间都是醉醺醺的（图 7-2）。

一位来自墨尔本的医生体验到了他永远也忘不掉的文化差异。在西方社会中，孩子们受到的教育是，吃掉自己盘子里所有食物才是礼貌的表现；但是在中国，当客人的盘子空了，坐在你身边的人总是会给你再添上食物。这个年轻人不停地吃空他的盘子，主人不停地给他再添上，直到他的胃再也装不下东西了，这可真是无法避免的结果。所有的食物如被施了魔法般地被清

▲ 图 7-2 　格雷姆·拉弗站在迎宾板旁边，那上面写着"欢迎澳大利亚朋友"

空，这位年轻医生却很尴尬，在接下来旅程里只吃了花生和水果。

　　我们在演讲中，解释了关于猪在流感大流行起源中作用的假设。接待方说他们有很多猪，到了早上可以对它们全部进行采样。第二天早上，一群宿醉的人，包括中国人，拉弗和我一起，穿上白色外套去了猪圈。在第一个猪圈中，一只非常健康年轻的成年猪被捉住，我用涤纶拭子对它的两个鼻孔都进行了采样，接着，在从猪的耳静脉采集了血液后把它放了。随后每个人退向后方，而我提出对下一头猪进行采样，翻译人员非常耐心地向我解释所有猪都是一样，而我也同样耐心地解释为什么我们需要测试许多动物。但是，这不会再发生了，尽管我们一再要求从猪和家禽中采集样本，但是这一只动物就是整个访问期间所有动物采样的总量。

　　我们在北京受到了中国流感病毒学家的热烈欢迎，补偿了对于动物取样的惆怅。我们乘坐火车在凌晨 4 点到达北京，受到了国家疫苗和血清研究所病毒学主任朱既明及其工作人员的欢迎，这给我们留下了最为深刻的印象。我和拉弗花了一整天的时间参观了研究所的生物制品部，我们每个人都被邀请做一个报告，然后进行广泛的讨论，朱既明曾经在剑桥和伦敦接受过培训，他的团队非常了解流感。

我们当时有点担心，关于人类流感大流行起源于鸭和猪的假说可能会被认为有地域性偏见。幸运的是，我们进行了开放的友好的讨论。朱既明告诉我们，1957 年的亚洲 H2N2 流感病毒首先是从 1957 年 2 月和 3 月在黔西地区 20 个县的人类流感暴发疫情中分离出来的。在会议上，40 名左右的病毒学家普遍认为该病毒不是来自动物，而是来自后期突变的 H1N1 株。朱既明描述了他鉴定的一组"桥接"毒株，他认为这种毒株与后期 H1N1 病毒和早期 H2N2 病毒具有共同的反应特性。当朱既明赠送给我们两株病毒（Al/Loyang/3/57 和 Al/Loyang/4/57）以及最新乙型流感病毒株（B/Hunan/2/71）的样品时，我们非常高兴并赠送给朱既明和工作人员特异性的人、猪和马流感病毒的 H 和 N 抗血清。

随后，流感病毒的"桥接"毒株通过世界卫生组织在流感研究领域广泛共享。我们一回到孟菲斯的实验室，就发现 Al/Loyang 病毒对所有血清中存在的抑制剂都很敏感。

在排除所有抑制剂以后，我们发现它们实际上是 H1N1 流感病毒，这意味着，"桥接毒株"未能解释 H2N2 流感病毒大流行的起源，我们的动物储存库假说仍可能是正确的。

关于中国香港地区 H3N2 流感病毒，朱既明告诉我，这种病毒于 1968 年 8 月在中国内地被分离出来，香港则早在 1 个月前就分离出来了。不过这个说法不同于我们在香港获得的信息。一位张姓的工作人员告诉我，H3N2 流感病毒首先在中国内地被分离出来。我们在与许多研究中心的病毒学家讨论，包括沈阳医学院的那位与众不同的张先生（我们与其分享了参考试剂）。显然，尽管中国人认为流感研究很重要，但在当时并不是主要的医学问题。尽管当时中国还没有国家疾病预防控制中心，但是北京的国家疫苗和血清研究所已经生产了 1000 万剂香港 /68 H3N2 人类流感适应性活疫苗。中国的病毒学家对于鸭子和猪等动物在人类大流行性流感病毒起源中的作用并不相信。

我们赶赴远在中国北部沈阳的行程，因为雨雾天气而导致航班推迟了几天。然而，空气中不仅仅只有水，由于天气正在变冷，越来越多的煤饼被用于供暖，导致了明显的空气污染现象。作为一个来自农场的男孩，我还注意到中国南部城市一些大型养鸭场和活禽市场。这些重要的观察，以及我在北京传统烤鸭店宴会的记忆，将集中在第 8 章总结讨论。

后来的几年里，格雷姆·拉弗常常将这次 1972 年对中国的访问称为"那一头猪的研究"：我们从这一头猪中获得的血清样品中，确实发现了针对H1N1 流感病毒的抗体，表明它在过去已被流感病毒感染。然而，我们在实验室研究中发现用于治疗流感的草药制成的提取物未能抑制病毒，当然，它们可能确实具有缓解功效。

中国的科学家愿意向我们提供他们的流感病毒样本并讨论和分享信息，这给我们留下了深刻的印象。我们无法确定，这次访问是否对 1977 年中国北方 H1N1 流感病毒（A/USSR/90/77）再次出现的信息发布，或最终对流感大流行动物病毒来源假说的接受起了作用。但是，中国学者与我们的实验室人员进行了更多的互访，此外，中国医学科学院病毒研究所和澳大利亚国立大学于 1982 年 11 月在北京召开了大流行流感病毒起源的会议，这些联系一直持续到现在。

香港温床:
活禽市场和猪肉加工

Hong Kong Hotbed:
Live Bird Markets and Pig Processing

　　1975 年,当我第一次和香港大学的同事肯·肖特里奇(Ken Shortridge)走进中国香港地区一个活禽市场(LBM)的时候,我就意识到这是一个研究流感的地方。我们可以不用去中国大陆的乡村,农场动物就在我们面前。我们在香港看到的活禽市场大小不等,小到藏身于巷子里或立交桥下的几笼色泽漂亮的棕黄色的鸡(当地人称为"黄羽鸡");大到如超级市场般的集市中出售活家禽的数十个独立摊位。在这些多楼层集市的一楼,有卖活鱼或新鲜鱼肉的摊位,也有卖新鲜屠宰家畜(主要是猪)和各类新鲜蔬菜的摊位;在楼上,有卖家居用品、服装和家具的摊位。

　　活禽市场的传统可以追溯到 16 世纪的明朝[53]。在炎热的中国南方,冷藏方法出现之前,活禽市场作为一种提供新鲜肉类的手段,显示了当时的人们对受污染肉类存在健康风险的敏锐认识。在 1997 年出现 H5N1 禽流感之前,香港和其他南方地区的传统活禽市场与流感故事最为相关;在那之后,香港的活禽市场发生了巨大变化(见第 10 章),数量减少和规模减小,不同禽类被分开。然而在内地,活禽市场大体维持原样。

　　香港的大型活禽市场包含各种陆禽和水禽(图 8-1)。陆禽主要是各种鸡

▲ 图 8-1 20 世纪 70 年代初香港中心市场中的一个典型活禽市场，图片显示了同一摊位中不同品种的家禽混在一起

（黄色鸡、白色鸡、竹丝鸡，偶尔还有野鸡、石鸡和珍珠鸡，和一些鹌鹑、鸽子）。水禽包括各种鸭（北京"白"鸭、卡其色坎贝尔鸭、番鸭，和一些以绿头鸭为主的野鸭）和各种各样白色、灰色和黑色的鹅。

这些活禽市场几乎从各个方面都促进了流感病毒在物种内和物种间的传播，并为新病毒株的产生提供了条件，我确信自己亲眼见证了病毒在猖獗地混合和杂交。在一些市场摊位中，不同的物种被分开放置在不同的笼子里，但在另一些市场摊位中，它们被放置在同一个笼子里。在同一个笼子里找到鸭和鸡的情况并不少见，笼子总是堆叠在一起到五六个高。虽然每个笼子都有水槽和垫料盘，但当笼子打开时总是会有溢洒，为病毒在笼子之间传播提供了绝佳机会。此外，虽然市场区域经常用水管冲洗并保持得相当干净，但各个摊主很少清空或清理笼子。

在香港，活禽市场摊主要从两个中心批发市场购进禽类，这两个中心批发市场用卡车从内地南方农场或香港新界运来陆禽，水禽主要是从内地沿海鸭场用船运来。因此，我见过的许多内地农场养殖禽类最终都会进入香港的活禽市场。

一只鸡或鹌鹑到达香港的活禽市场后，通常会在一两天内被卖出去。鸭和鹅则需要更长的时间（2～5 天）才能被卖掉，像珍珠鸡或野鸡这样的珍稀的品种，可能会在市场内停留长达 1 周的时间。笼子总是被新来的禽类填满，任何一个笼子都可以装入任意几种禽类，一些禽类可能会在一个笼子里待上好几天。

购买活鸡或其他家禽的顾客会对它们进行检查，有时会抓起来以感知它们的大小和丰满程度，然后，摊主会加工处理被选中的禽类，在摊位的后面杀死它们、拔毛并取出内脏。虽然血液、羽毛和内脏飞溅被保持在最低限度，但不可避免地会产生一些气溶胶（空气中的液体或固体颗粒），气溶胶是病毒的有效载体。

虽然大型集市及其活禽市场给公众带来了方便，但是在同一个笼子中不同的物种混在一起，不洁净的笼子密集堆放以及不断地给笼子补充新的活禽和禽类现场加工产生的综合效应，为病毒在禽类之间、从禽到人的传播以及新型流感病毒的产生创造了完美的条件。

我想起了我们在梅岛（第 6 章）进行的实验，两种不同的流感病毒被注入火鸡或猪中而出现了新的流感病毒。从生物化学角度看来，活禽市场的作用犹如科学实验室用于复制数千拷贝遗传物质或病毒的聚合酶链式反应（PCR）。

＊　＊　＊

在香港，从流感的角度来看，另一种特别令人感兴趣的动物是猪（现在仍然是）。1918 年流感病毒在美洲传播到猪体内并在每年冬季引起典型猪流感，猪的 H1N1 流感病毒是否曾在全球传播过？更进一步地说，它是否存在于 20 世纪 70 年代后期的中国南方猪群中？为回答这些问题，肯·肖特里奇和我在香港开启了猪流感监测计划。

在香港，猪的屠宰由 4 个屠宰场进行，半片猪身在黎明前用卡车甚至自行车运送到大型中央市场的肉摊。这意味着，猪和人之间的接触比活禽市场中禽与人之间的接触要少得多。这些猪来自中国南方省份如湖南、江西、贵州和广东的农场，经常挤在卡车或火车上长达 3 天时间。在此期间，呼吸道病原可能会传播，而动物因病毒潜伏时间还不够长，在到达屠宰场前不一定会表现出疾病迹象，感染风险最高的人是库管和屠夫。

流感病毒在动物尸体中存活的时间长短取决于动物的种类和储存的温度，如果在冷冻条件下，病毒可以无限期地一直存活下去；在冷藏温度下，存活时间可长达 1 周或更长时间；在室温下，存活时间为 1 ~ 2 天。禽类的尸体很有可能残留有流感病毒，因为这些病毒主要存在于肠道中，所以在去除内脏时会污染尸体。猪体内，病毒主要存在于气管和肺中，这些器官在去除内脏时被移除。而烹饪家禽或猪肉的过程可以破坏流感病毒。

1968 年中国香港地区 H3N2 流感大流行出现后，美国国立卫生研究院发布要求科学界"阐明大流行性流感的起源和可能的控制策略"。我们在圣裘德儿童研究医院的小组提出与香港的肯·肖特里奇合作，研究美国和中国香港地区的野生鸟类、家禽和猪流感，并获得了 5 年的资助。这些资金支持了第 4 章和第 5 章中描述的北美野生迁徙水禽的长期监测，并最终使得我们建立了其中所述的流感病毒生态学原理，这些原理现在已经被广泛接受。然而，最重要的是，这些基金支持我们与肖特里奇的合作。

肖特里奇在香港大学建立了流感监测和研究实验室，到了 1977 年，我们在活禽市场中发现了大量不同亚型的流感病毒，以及包括对鸡致命的新城疫病毒（NDV）在内的多种副黏病毒。所有分离的病毒株都来自于看似健康的禽类，主要是鸭，但也有一些鸡和鹅[54]。我们在多达 10% 的禽类中检测到病毒：一半是流感，其余是新城疫病毒。13 种不同的流感病毒亚型被分离出来，其中一些与 1968 年中国香港地区 H3N2 流感病毒有关，但大部分都与禽流感病毒有关。事实上，有些还与加拿大野鸭流感病毒密切相关，这表明了病毒正在全球传播。我们还发现大多数流感病毒来自泄殖腔而非呼吸道样本。肖特里奇还从同一只鸭子身上发现了两种不同的流感病毒，它们具有相同的血凝素刺突但神经氨酸（苷）酶刺突不同。这表明了真实世界的流感病毒正在混合它们的遗传物质，正如我们在梅岛研究中所预测的那样。

1976 年，我们在中国香港地区一家屠宰场中对猪进行的研究同样很有价值。我们从表现出健康状态猪的 356 个鼻拭子中，分离出了 11 株流感病毒。所有的流感病毒都是 H3N2 亚型，其中，6 株与 1968 年大流行病毒 H3N2 抗原性相同，5 株与当年在人类中流行的香港变种（A/Victoria/3/75）H3N2 抗原性相似。因此，到 1976 年，大流行的 H3N2 流感已从人类中消失，但仍在猪中流行 [55]。该研究还表明，目前流行的人类流感病毒已传播到猪身上。这些对猪的研究中，未检测到任何在香港活禽市场中发现的禽流感病毒。

为了确定在香港活禽市场中发现的禽流感病毒高度多样性不是偶然，肖特里奇又连续开展了 1 年的研究。他不仅证实了这些发现，而且还检测到了几乎所有已知的流感病毒亚型，包括在人、马和猪中发现的流感病毒相关亚型。在所有分离到的 136 株流感病毒中，126 株来源于中国的家鸭 [56]。至此，在美国野鸭中发现对应的流感病毒在中国的家鸭中被发现，这表明了鸭子成了全球流感储存库，并进一步支持了活禽市场是流感基因组混合、新流感病毒产生，及其可能将病毒传播给人类的温床。

第 9 章

世界大搜索（1975—1995 年）
Searching the World, 1975—1995

在我们从看起来健康的野生禽类和家养禽类中成功地分离出流感病毒后，澳大利亚、日本、苏联、欧洲国家和美国大量鸟类和水生鸟类的研究证实，流感病毒分布是全球性的。虽然一些病毒亚型在海鸥中比在鸭中更常见，并且来自欧亚大陆的流感病毒可以与来自美洲的流感病毒区别开来，很明显的是，流感病毒可以在全世界水鸟中找到。从 20 世纪 70 年代中期到 90 年代中期，在流感病毒学家、生态学家和兽医中，越来越多的人接受了野生水鸟是大多数甲型流感病毒亚型储存库的观点。然而，至于这些病毒是否传播给人类，却没有确凿的证据。

早在 1952 年，世界卫生组织就已经认识到流感是一个全球性的人类健康问题，并建立了一个全球监测网络。世界卫生组织人类流感网络支持了我们对猪和鸭流感的研究，以进一步认识人类流感病毒的起源。

1975 年 1 月 1 日，孟菲斯的圣裘德儿童研究医院成为世界卫生组织网络的合作中心，研究人类和动物间流感病毒生态学。圣裘德儿童研究医院首先是作为一家免费儿童癌症研究医院而为人所知，由丹尼·托马斯（Danny Thomas）于 1962 年创立。他承诺如果在演艺事业中获得成功，将建造一座守护神纪念碑，当他遵守诺言，向枢机主教塞缪尔·斯特里奇（Samuel Stritch）咨询时，枢机主教说服了丹尼放弃建雕像："鸟儿只会在它上面拉屎，它对人类没有帮助！"相反，枢机主教建议托马斯在他成立的第一个教区建立一所小医院。托马斯的梦想医院成立，其创始人很有洞察力。在那里，临床研究和筹款以及治疗儿童癌症这些都结合在一起，患者家属无须支付任何费用。

我经常被问道："流感与儿童癌症有什么关系？"在第一次对我在圣裘德儿童研究医院的流感研究审查中，审查小组主席问了我同样的问题。我问："先生，您知道是什么杀死了我们圣裘德儿童研究医院的孩子吗？"他说，"癌症，主要是儿童白血病。"我回答说："不，流感、麻疹、普通感冒等常见传染病是我们最大的杀手，因为所有旨在杀死癌细胞的疗法都会抑制儿童对传染病的免疫反应。"当时，甚至没有一种药物来治疗儿童流感，我们的目标一直是了解流感并研制新的和更好的疫苗和药物。

值得庆幸的是，审查小组同意并热情地支持我们在世界卫生组织中所发挥的作用。

* * *

后来在 1975 年的时候，我应邀参加了苏联 – 美国联合流感研究计划，使得我有机会扩大对全球流感大流行来源的探索。由于西伯利亚有大量的水禽品种，我们很高兴地参加了实验室间科学家的交流和苏联的实地考察。

在北半球的早春，威斯康星大学麦迪逊分校的伯纳德（巴尼）·伊斯特迪［Bernard（Barney）Easterday］和我飞到莫斯科会见了我们此次行程的接待方——伊凡诺夫斯基病毒学研究所（Ivanovsky Institute of Virology）的迪米特里·利沃夫（Dimitri L'vov）及其团队工作人员。我们分享了想法并对即将开展的实地考察制订了计划，研究区域位于俄罗斯东南部罗斯托夫附近的顿河（图 9-1）。

迁徙的水禽在返回西伯利亚繁殖地之前在该地区过冬，我们捕获水禽的方法是从大马力的铝船上射击它们。每艘船有 3 个人：一个人操控马达，一个人在船头射击鸟类，一个拾取鸟类。我们收集了各种各样的苍鹭、黑鸭等鸭类及其他水禽。一天下午，我和 2 位俄罗斯同事一起出去，他们不会英语，

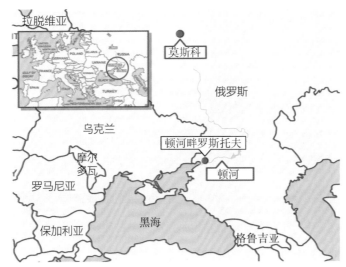

◀ 图 9-1　流感不分国界
这张地图展示了苏联和美国科学家于 1975 年合作在顿河（Don River）上对野生水鸟进行流感监测的两个研究地点

我们这次一无所获。天气寒冷刺骨，我的一位同事走向岸边消失在了芦苇丛中。很长时间没有看到他，至少有 30 分钟，这让我很困惑。最后他回来时，骄傲地展示了他的收获：一瓶让我们温暖起来的伏特加。

总的来说，我们收集了 25 种鸟类，共 321 只。除了从咽喉和气管取拭子样本外，我们还采集了肺、肝和肠的组织样本以及胸腔内的血液。因为相同的设备被一次又一次用来对不同的样本采样，为了尽可能减少一只鸟与另一只鸟的交叉污染，采样设备被浸入 100% 的酒精后点燃。我一开始对这种方法存有疑虑：有人教过我，这个过程需要重复 3 次以确保无菌。最后一个下午一切都变得明朗起来，当我们庆祝实地考察工作成功时，一旦伏特加酒被喝完了，剩余用来消毒的酒精就被拿出来喝，聚会一直持续到深夜。

合作研究的结果证实，水鸟确实是流感病毒的全球性储存库。尽管在检查的 321 只鸟类中没有发现流感病毒，但是在一些鸟类的血清中含有许多亚型病毒的抗体 [57]。由于鸟类感染流感的持续时间与人类相同，因此，在候鸟中发现真正的病毒颗粒需要在正确的时间和正确的地点。

当时最重要的一个问题是，在鸟群感染流感病毒后，众多不同亚型的甲型流感病毒在"消失期"中是如何以及在何处保存的？一种可能性是，它们可能被冰冻在极地地区，如果是这样，也许南极企鹅是终极的流感病毒储存库。为了研究这种可能性，来自新西兰奥塔哥大学健康研究委员会的弗兰克·奥斯汀（Frank Austin）和托尼·罗宾逊（Tony Robinson）申请了新西兰南极计划，收集阿德利企鹅（*Pygoscelis adeliae*）、灰贼鸥（*Catharacta antarctica*）和韦德尔海豹（*Leptonychotes weddellii*）的拭子和血液样本，寻找流感感染的证据。该项目被批准在 1986 年的 1 月即南极的夏季开展，美国海军将用飞机把我们从基督城送往斯科特基地（新西兰的南极研究站）并送我们返回。

我永远难忘当时被负责人赶进大力神运输机的情形。为了防止紧急情况，我们都已穿好南极装，像企鹅一样在飞机上蹒跚而行。每个座位都只是一个缠绕在飞机外皮上的吊索，飞机的中央装满了巨大的板条箱，从飞机底部一直堆到飞机顶部，即使戴上耳塞也能听到巨大引擎的噪声。几个小时以后，我头一次经历了在冰跑道上降落，下了飞机见到灿烂晴朗的天空，这一切都非常令人兴奋。

我们在斯科特基地的第一项活动就是生存训练。第二天下午，我们被直升机带到冰川上的雪地里，再次穿着全套的南极装，带着生存配给、睡袋和折叠式雪铲。我们得到的指示是搭建过夜的避难所，到第二天才会被接走。奥斯汀和我决定建造一个冰屋而非雪洞，这样我们躲在里面会相当舒适，唯一的问题是我的相机，由于没有把它放在睡袋里，电子器件被冻结了。

我们将在罗斯岛佛得角采集阿德利企鹅和贼鸥群的样品，那里距离斯科特基地很远，所以我们从基地乘直升机前往，降落时的景象令人惊叹。阿德利企鹅似乎是从海岸上破碎海冰形成的冰丘之间飞出了海洋，昂首阔步地排着长队走向巨大的筑巢地，那里的鸟儿们正忙着为拥有这些筑巢用的小石块而争吵着。

原本我们要住在那个地方的一个小屋里，但后来我们惊讶地发现新西兰广播电台的人要把这个小屋占据几天，这个无线电团队把帐篷给了我们作容身之所。我们还担心不够温暖，但当发现这些南极帐篷是双层篷壁，并且南极睡袋也是如此，竟不得不打开帐篷入口来保持凉爽。

尽管阿德利企鹅只有膝盖高，看起来似乎在等着我们来抓它们；但是它们非常强壮，一个人牢牢抓住一只鸟从消化道两端采集拭子样本和血液样本需要花费很大力气。贼鸥在企鹅群的边缘徘徊，等待着偷取阿德利企鹅幼鸟作为食物，我们用长杆捉住它们，采集拭子和血液样本后将它们放走（图 9-2）。

为了从斯科特基地附近的威德尔海豹身上采集到样本，我们在靠近海冰边缘骑着雪地摩托搜寻，然后将这嘈杂的机器放在一段距离之外徒步接近海豹。威德尔海豹很大，通常长达 3.5 米，重量超过 550 公斤。我们的策略是悄悄靠近一头昏昏欲睡的海豹，在它的头上套上一个大粗麻布袋，当一个人将麻袋固定好后，另一个人从海豹的尾部收集血液样本，然后在袋子被部分

▲ 图 9-2　罗斯岛佛得角的阿德利企鹅
虽然这些鸟只有膝盖高，但是需要我们中的两个人才能捉住它们取样

抬起时迅速取鼻拭子。这样做听起来有点危险，起初我们很害怕，结果发现海豹非常温顺。

从这 3 个物种的 200 多个样本中没有分离出流感病毒，但大约 10% 的阿德利企鹅和贼鸥血清中都有抗体，这表明它们在某个时候已被感染[58]。流感病毒 H10 亚型的抗体在阿德利企鹅中被检测到，N2 亚型的抗体在贼鸥中被检测到。从阿德利企鹅中还分离出了副黏病毒，在威德尔海豹中未检测到流感病毒抗体。

这些研究的结果又让人回想起了早期澳大利亚大堡礁上迁徙水鸟的研究结果，揭示了阿德利企鹅和贼鸥对流感易感，因此，有必要进行更系统的采样来分离感染这些物种的病毒。2013 年，其他研究小组成功地分离到了阿德利企鹅的 H11N2 流感病毒和帽带企鹅的 H5N5 流感病毒[59]。

在这 20 多年时间里（1975—1996 年），流感科学家和世界卫生组织正积极与中国就人类、猪和家禽的流感监测进行合作。中国科学家同样有兴趣加入全球研究体系，因为世界卫生组织人类流感全球监测系统提供的信息影响

副黏病毒 / 正黏病毒

副黏病毒是一组与正黏病毒（流感病毒）不同的病毒。

它们的遗传结构不同，不像流感那样是分段的，但像流感一样凝集血红细胞。与正黏病毒不同，副黏病毒具有遗传稳定性，没有显示明显遗传变异性。

这些病毒在人类中引起呼吸系统疾病如腮腺炎和麻疹，在犬中引起犬瘟热，在牛中引起牛瘟，在家禽中引起呼吸道疾病。最著名的家禽疾病病毒是新城疫病毒（NDV），疾病严重程度可以从轻微症状到 100% 致死。与流感病毒一样，新城疫病毒与其他副黏病毒的温和类型存在于野生鸟类中。

到流感疫苗制备的决策。中国在 1987 年成为世界卫生组织全球计划的积极参与者，提供人类病毒分离株与其他地区病毒株进行比较，以确定是否应对疫苗变化给出建议，并成为重要的贡献者之一。1987—2005 年，世界卫生组织推荐的全球疫苗病毒株至少有一株来自中国的病毒株。在此期间的科学交流也得到加强，20 世纪 80 年代初，中国卫生部开始资助中国科学家对世界卫生组织各个合作中心进行交流访问，并一直持续到现在（图 9-3）。

为了进一步促进与世界卫生组织的合作，中国卫生部邀请了国际科学家分别访问了位于北京、武汉、上海、福州和深圳的城市公共卫生和防疫站，我也是其中一员。这些会议成果丰硕，有助于建立强有力的协作关系和交流改善中国人类流感监测与控制的想法和方法。技术交流进一步加深了对猪和家禽流感生态学的理解，并推进了在四川、贵州、广东、昆明和武汉等省市猪流感的监测合作。

在这项计划中，来自南昌市江西医学院的两位学者——周兰兰和舒莉莉与她们所在大学以及省政府的团队一起工作，开展了一些我和拉弗曾在 1970 年希望进行的实验，其中，第一项研究旨在确定在家中养猪的女性是否比没有养猪的女性更易感染流感。

此前，在当地的妇科医院已经每周开展了流感病毒分离工作，血液样本是从那些曾因呼吸道感染到医院就诊并且没有在家中养猪的女性中采集。该项研究表明，在家中养猪的女性和没有养猪的女性在人类流感感染率方面没有差异[60]。另外还有 3 项重要发现，第一个是中国中南部的流感暴发在 2 个高峰期：一个在冬季（11 月—次年 3 月），另一个在夏季（7—9 月）。第二个是发现有 25% 的养猪的女性有针对一种禽流感病毒 H7 的抗体。第三个是对世界卫生组织全球网络的资源贡献：来自采集样品的病毒分离株其中之一是新型 H3N2 变种病毒代表，被世界卫生组织推荐用作为全球疫苗病毒株。

另一项研究开始于 1996 年，涉及 20 个养育了 1 ～ 3 个孩子并且在同一房屋里饲养猪和鸭的家庭。在这些家庭中，猪养在主要生活区附近，鸭子在

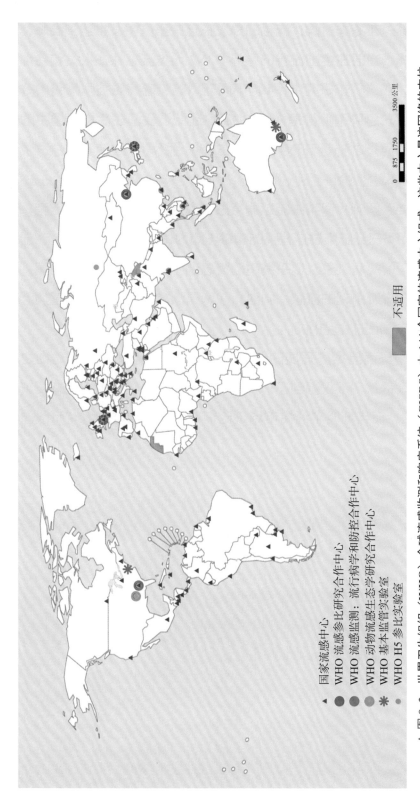

▲ 图 9-3　世界卫生组织（WHO）全球流感监测和响应系统（GISRS）由 144 个国家的流感中心组成，这些中心是该网络的支柱
一共有 6 个合作中心：4 个负责提供参照研究；1 个研究动物流感生态学；1 个负责流感监测，流行病学和防控。还有 4 个世界卫生组织基本监管实验室
和 13 个 H5 参比实验室。合作中心每年召开 2 次会议，包含推荐最新的流感病毒株疫苗。该图由世界卫生组织提供

国家流感中心

WHO 流感参比研究合作中心

WHO 流感监测：流行病学和防控合作中心

WHO 动物流感生态学研究合作中心

WHO 基本监管实验室

WHO H5 参比实验室

不适用

家中自由放养。在冬季时候，流感的暴发在这些家庭中发生达到高峰，夏季出现了小高峰。当时在中国流行的香港 H3N2 人类流感株在人类和猪都表现出低感染率。在这一年研究中，4 种不同亚型的流感病毒被从家鸭中分离出来。鸭的病毒总感染率低得惊人（0.9%），远低于我们在活禽市场中的发现[61]。鸭的流感病毒之一是 H7N4，我们在 154 名受测试人的 8 名中发现了这些病毒的抗体。

我们主要了解到，家鸭中流感病毒感染率远低于活禽市场中的鸭，尽管有证据表明人类已经感染过这些鸭的病毒（因为体内检测到有抗体），但是他们没有显示任何疾病迹象。似乎鸭中的流感偶尔会在家中传播至儿童，但并没有检测到病毒所引起的流感。同时，在南昌活禽市场进行的流感病毒监测结果，基本与香港的发现相同。

这项在中国南昌家庭开展的研究对我们理解流感在人类和动物之间的关系具有很大贡献，不仅得到了一株被 WHO 推荐为全球人类流感疫苗株的 H3N2 病毒株，而且证明了活禽市场是比饲养鸭和猪的家庭更有可能向人类传播的地方。

证据确凿
The Smoking Gun

20世纪90年代，尽管家禽流感和猪流感的流感病毒可能来自野生水鸟的观点已被广泛接受，但说服资助基金机构相信鸟类病毒可能导致人类流感却是一场拉锯战，据人们所知这从未发生过。但是，在1997年香港一名儿童去世之后，一切都改变了。

1997年5月21日，一名3岁男童因严重流感感染，在香港伊丽莎白女王医院的重症监护科死亡。这名小孩在疾病突发之前一直非常健康，入院5天后就出现了高热和病毒性肺炎，肺炎导致了肺部充满液体并最终死亡。

香港公共卫生实验室负责人林薇玲（Wilina Lim）从男孩喉咙里采集的样本中分离出一株流感病毒，但她无法鉴定出这株病毒是当时流行的哪种人类流感病毒，美国佐治亚州亚特兰大（Atlanta, Georgia）的美国疾病预防控制中心（CDC）也鉴定不出来。林薇玲将该病毒寄给荷兰国家流感中心的简·德容（Jan de Jong）协助鉴别，这个中心是全球流感监测的长期合作者。简·德容和他的同事阿尔伯特·奥斯特豪斯（Ab Osterhaus）知道，圣裘德儿童研究医院已经制备了针对所有已知流感病毒血凝素和神经氨酸（苷）酶分子的抗血清。他们联系了我们关于使用抗血清的事情，这使他们迅速识别出其与H5N1禽流感病毒相似。直到那时，这种病毒只在鸡和鸭中被发现过，并且能使被病毒感染的鸡的致死率高达100%。考虑到样本污染的可能性，德容专程访问了香港的实验室，以确定病毒不是来自实验室的污染物，他和奥斯特豪斯还检查了原始的拭子，结果证实了它确实是致命的 H5N1 禽流感病毒。

据了解，此时香港的 3 个家禽养殖场已暴发 H5N1 病毒流感，其中禽类死亡率为 70% ~ 100%，但并不清楚这次儿童死亡与这些农场的关联。从来没有地方曾报导过 H5N1 病毒感染人类，因此，这个首次被记录的病例引起了人们的极大关注。我和荷兰同事一样，都担心这可能是发生流感大流行的一个警告[62]。

幸运的是，H5N1 流感病毒并未传播给男孩的家人及照顾他的医务人员，而且也没有立即发生其他病例。但 6 个月后，在 1997 年 11—12 月，又有 17 人感染了 H5N1 流感病毒，其中 5 人死亡。世界卫生组织流感网络进入高度警戒状态，一种新的并且非常可怕的流感正在出现（图 10–1 和图 10–2 ）。

* * *

我在一个周六早晨听说了这次流感的暴发，当时正在花园里堆肥的时候，我的妻子玛乔丽将电话拿给了我。美国疾病预防控制中心的流感部主任南希·考克斯（Nancy Cox）告诉我，香港还有 6 例严重流感病例，其中 3 人受到重症监护，1 人已经死亡。我相当确定这就是我们一直在等待的确凿证据，于是立即打电话给我的同事肯·肖特里奇，询问我是否可以去香港与他会合，并预订了第二天的航班。

抵达香港后，我发现所有人都在专注中国将于 7 月对香港恢复行使主权，肖特里奇在香港大学实验室的人手不足，因为在过渡期间不允许新的任命。而对我来说，不得不做的事情显而易见，我们必须立即对活禽市场的禽类进行采样，并与农业、渔业以及卫生部门工作人员分享结果。采集样品、分离病毒和注入 10 日龄鸡胚，检测鸡胚是否存在病毒等工作都需要许多技术人员，但却人手不够。因此，在香港的第一个晚上，我把时间都花在了给曾经培训过的日本和中国的年轻科学家打电话上了，联系他们放下正在做的事情，尽快带上所需全部装备加入我们的研究中。

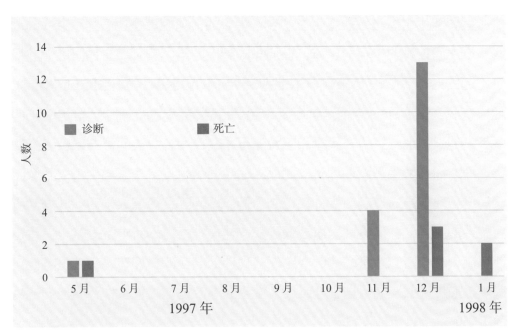

▲ 图 10-1 显示了在 1997 年 5 月香港 1 名儿童死亡后人类 H5N1 流感病例发生的时间表

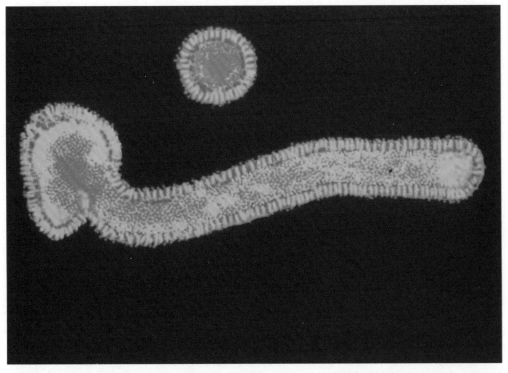

▲ 图 10-2 来自 1997 年 5 月 21 日死亡的 3 岁男孩体内 H5N1 流感病毒的电子显微照片，显示了病毒的长线状（丝状）和球状形态 [电子显微镜照片由戈帕尔·穆尔蒂（Gopal Mutri）提供]

世界卫生组织流感病毒生态学合作中心的 2 项职责是：培养研究人与动物病毒之间关系的年轻科学家，以及与国际上的科学家开展合作研究。我最了不起的合作者之一是来自日本北海道大学的兽医喜田宏（Hiroshi Kida），他曾在我实验室作为两个一年期（1980—1981 年和 1986—1987 年）的访问学者。他强烈地支持猪在人类流感大流行中的作用和禽类病毒与以前人类病毒毒株之间会发生重配的理论。此外，他还强烈地支持在家禽中消灭致命流感病毒，而不是通过疫苗接种来控制它们。他回到北海道大学后，成为他所在院系的主任，并最终成为该校的校长。他现在是日本科学院的院士，也是北海道大学人畜共患病研究中心主任。也许他给我的最好礼物，就是将他最聪明、最优秀的研究生送到圣裘德儿童研究医院的实验室工作，而他们就是放下当前一切事情赶来香港的学员。

年轻的病毒学家们迅速行动起来，日本的伊藤寿（Toshi Ito）和高田绫人（Ayato Takada）立即飞往香港；河冈义裕（Yoshiro Kawaoka）——作为最早来自北海道的博士后研究员之一，后来成为圣裘德儿童研究医院的一名教员，也加入了研究团队；另一名病毒学家高鹏，来自中国的博士后研究员也加入了进来。这 4 个人以及肖特里奇和我组成了最初的团队，我们都意识到香港正在发生事情的重要性，所有人都想成为研究新发流感病毒小组的一员，其中一位成员对塞满了注射器和含有液体的试管以及其他装备的行李箱能否通过机场很担心，庆幸的是，他的行李箱并未被检查。

我对邀请一群年轻科学家进入流感疫区产生了不小的担忧，为了应对紧急情况，我们拿到了来自第一个人类病例（香港男孩）的 H5N1 流感病毒，并将其制备成了一种浓缩疫苗，经过福尔马林处理把其中所有病毒都杀死了。整个团队抵达香港的那天，我们决定将疫苗滴入团队成员鼻子进行接种。我躺在检查台上让香港的约翰·尼科尔斯（John Nicholls）将疫苗滴入鼻子里，当他准备这样做时问道："现在，你确定这些 H5N1 疫苗是灭活的吗？"那是我感到极度不安的时刻之一。尽管我们已经在发育中的鸡胚中对疫苗进行了

2 次测试，但尚未在动物或人体中进行过测试。我起身站了起来，决定在给其他队员接种疫苗之前再等 1 天，让自己当 1 天的实验豚鼠。

事实证明，尽管小组成员处理了受到感染的鸟类，但没有一个人感染流感。多年以后，当我参加 H5N1 疫苗试验时，已有非常高水平的抗体反应，正是我之前接种疫苗的结果（在活禽市场或实验室工作时避免感染的另一种方法是，服用每日剂量抑制病毒复制的药物金刚乙胺。我们小组选择了使用疫苗）。

1997 年，中国香港地区有超过 1000 个活禽市场。经过农业和渔业部门的批准，肖特里奇和国际团队将研究集中在九龙和香港主要街区的 6 个大型市场，其中包括患者患上流感前家属曾去过的市场，也包括了香港岛的中心市场和史密斯菲尔德市场。在中心市场，典型的禽类物种是鸡、鸭、鹅、鹌鹑和鸽子，还有一些珍珠鸡、石鸡和野鸡，所有的禽类看似都是健康的，没有羽毛蓬乱或躺倒在地的禽类。在农业部门和摊主许可下，我们收集了咽喉和粪便样本。

调查期间出现了 2 个挑战，其中之一是不含所有已知疾病因子被称为无特定病原体（SPF）的 10 日龄受精鸡胚，我们需要这些鸡胚用来分离病毒。这些鸡胚最初是由我们在农业和渔业部门的同事提供，但我们的需求量很快就超过了他们的提供量。最后，我们从澳大利亚将受精鸡胚空运到这里。另一个挑战是香港大学玛丽医院微生物学系实验室的条件限制，实验室设施并非为处理大量可能致命病毒而设计。实验室只有一个生物安全柜（带有过滤器和气流系统用以保护研究人员和实验室免受所研究病毒污染），工作人员很快意识到需要迅速对其进行升级，于是组织了一个施工队开始工作。工人们在整个圣诞节和新年假期间都在工作，给实验室改装了所需专用空气过滤器，从美国将生物安全柜空运到这里，并进行了安装和测试。

我们之前已经准备好了参考血清，用于鉴定所有已知流感病毒血凝素和神经氨酸（苷）酶组分，在将第一批样品注入受精鸡胚后 2 天，这些充分的准备和谨慎的方法开始产生成果。我们从香港中心市场活禽中健康的鸡和一些鸭中分离出几株流感病毒，第一株病毒出人意料，是 H9N2 而不是 H5N1。随着测试的进行，我们发现 H5N1 和 H9N2 是主要存在的流感病毒，发现 H5N1 的意义显而易见，但最初并没有意识到与 H9N2 的关联性。

我们立即向卫生以及农业和渔业部门报告了活禽市场中存在 H5N1 流感病毒，当然他们关注的问题是，这个病毒是否就是传播给人类、造成严重甚至致命后果的病毒。为了回答这个问题，现在已经有了更精确的基因测序工具，我们提取了病毒的遗传物质，对其进行了处理以使其变性，然后乘坐下一趟航班将其送回孟菲斯。在那里的实验室中，我们过了周末就能够读取人和鸡的 H5N1 流感病毒基因序列，具体地说，我们测定了病毒血凝素蛋白的遗传密码。

周一下午我带着答案回到了香港，鸡和人类病毒样品的 H5 组分基本相同，活禽市场中的禽病毒是高致病性的 H5 流感病毒。

与此同时，肖特里奇和我们的国际团队对 6 个活禽市场进行了抽样调查，所有这些活禽市场都存在 H5N1 流感病毒，高达 20% 的鸡受到感染[63]，我们知道这已经确定了人类流感暴发的可能来源。

感染 H5N1 "禽流感"的人，年龄为 1—60 岁不等。早期症状是典型的流感，包括高热和上呼吸道感染，但超过一半的患者疾病进一步发展，患上严重的肺炎，伴有呕吐、腹泻和肝肾功能不全症状。18 名感染者中有 6 人死亡。

香港卫生署负责人陈冯富珍（Margaret Chan）在此期间召集了一个由包括卫生、环境服务、农业和渔业部门在内所有相关政府部门高级职员组成的小组，还包括了大学高级科研人员和来自日内瓦、亚特兰大和孟菲斯的 WHO 的实验室代表。这个令人印象深刻的阵容，体现了陈冯富珍拥有让所有利益方加入进来，搜集所有可用信息并制订计划的重要意识。

在所有信息被展示出来以后，一种致命的 H5N1 禽流感病毒正在向人类传播并造成高达 30% 死亡率的这一事实变得非常明显了。这种疾病必定是通过活禽市场传播，因为活禽市场是公众与活家禽接触的地方。令人担忧的是，病毒有可能开始人传人，这可能导致全球性的灾难，暴发点是在香港新界的一个家禽养殖场感染了禽流感的死禽，而这些禽类的来源被追溯到活禽市场。

在经过多次会议之后，陈冯富珍和专家组向卫生部门负责人建议关闭所有活禽市场并将所有香港家禽宰杀并埋葬，避免更多的人被感染。这是一项艰巨的任务，虽然会扰乱市民的生活，但是却会带来巨大的健康效益。很快就没有了人类 H5N1 禽流感病例出现了，并且特定的 H5N1 病毒株被扑灭了。

这段时间并非没有轻松时刻，在大规模扑杀家禽期间，我在一个媒体舞台上扮演着诱饵的角色。家禽宰杀于 12 月 27 日在九龙批发市场开始，市场大门关闭，世界各地的新闻记者在门外吵嚷着要采访和拍照片。而在大门里面，政府工作人员和肖特里奇、世界卫生组织的克劳斯·斯托尔（Klaus Stohr）以及我们团队其他成员一起，正忙着采集每辆卡车中被处以安乐死禽类的代表性数量样本。这是一项长时间的、令人不快的工作，当我们做完这项工作后，市场外面道路上仍停满了媒体车辆，到处都是记者、摄影师和电视摄像机。

我们真的不希望他们拍摄成堆的死鸡，这对大多数人来讲都是非常令人沮丧的，所以，由我发表一些关于我们正在做的事情所带来的公共利益，以及如何在 H5N1 杀手病毒开始在人类中传播之前阻止它的小演讲来分散媒体注意力。一辆黄色吉普车被当作为我的讲台，大门打开后我发表了演讲，经过一个简短的问答环节，吉普车就载着我开走了，表面上看起来是前往下一个家禽扑杀地点。一辆电视拍摄车紧随着我们，开了很短的一段路程后，黄色吉普车进入了一个仓库，在那里我换了一辆小车开走了。我负责吸引媒体离开我们的团队，使他们能不受阻碍地前往下一个扑杀点。

第二天，我发高热了。我担心可能已经感染了病毒。幸运的是，我的喉拭子样本检测结果为阴性，也许疫苗确实提供了保护。

这次流感暴发的一个令人困惑的地方是，当人类出现感染时，活禽市场中没有病鸡或死鸡，而我们从所采样的鸡中分离出病毒的比率高达 20%。我们将从这些鸡中分离出的 H5N1 病毒在高密闭度实验室中注回鸡中，致死率为 100%。我们不知道摊主是否可能隐藏了死禽，或者在早上市场开放之前将所有病禽清除了出去，但确实没有看到病禽或死禽。

另一种可能性是，鸡已经产生了对在活禽市场中流行的另一种流感病毒的保护能力。伴随着 H5N1 病毒的发现，我们早先在香港每个活禽市场采样的鸡中都发现了一株 H9N2 流感病毒。虽然该病毒在鸡中很少引起或不引起疾病，但它通过遗传物质的混合参与构成了致命的 H5N1 流感病毒，因为 H9N2 病毒与 H5N1 病毒共享内部组分，所以可能为鸡提供一些交叉保护。

可以理解的是，随着中国农历春节临近，香港活禽市场关闭引起了摊主的愤慨。然而，值得称赞的是，尽管面临着相当大的公众压力，卫生部门仍将活禽市场关闭了 7 周，直到可以制定策略来降低重新引入 H5N1 流感病毒的风险。首先，所有批发市场和零售市场都经过彻底清洁和消毒，并引入了市场检查制度。每个零售市场都被要求每月完全清空一天，野生水禽被禁止进入市场，家养水禽被送到一个单独的批发市场进行加工后，作为鲜杀禽类在零售市场出售。用于运输家禽的木制笼子被塑料笼子代替，并且安装了一个巨大的洗笼机用来在每个笼子重复使用前进行清洗。

清洁活禽市场和杀死流感病毒等感染因子的策略，包括清洁去除所有有机物（粪便），然后用洗涤剂清洗并用化学消毒剂处理。洗涤剂能破坏流感病毒，化学消毒剂会杀死所有残留传染源。

供应这些市场家禽的养殖场也进行了检疫，每辆卡车上的禽类都是如此，所有死亡或患病禽类都在现场接受流感病毒检测。也许，最重要的是，家禽交易商和摊主对于被扑杀禽类都得到了相当慷慨的赔偿。这项政策意味着，这些利益相关者成为控制 H5N1 禽流感解决方案的一部分，而不会试图隐藏病禽或敷衍清理工作。

从 1997 年年底开始，这些策略成功地将 H5N1 流感病毒排除在香港活禽市场之外，到 1999 年，再次检测到禽流感病毒时，于是关闭活禽市场、扑杀禽类、清洁及赔偿的整个过程被重新执行。

当然，我们非常担心 H5N1 流感病毒会传播到其他地方。我们发现新型流感病毒在禽类中出现并直接传播给人类，而不通过猪等中间动物，幸运的是，H5N1 流感病毒似乎没有人传人的能力，然而，如果我们不去阻止它传播给人类，那么病毒最终可能会获得这种能力，那时流感暴发或比 1918 年大流感更为严重。

第 11 章

禽流感：H5N1 的起源和传播
Bird Flu: The Rise and Spread of H5N1

1997 年中国香港地区 H5N1 流感病毒被扑灭后的关键问题是，这种杀死鸡的病毒来自哪里？病毒是如何获得传播和杀死人类的能力？它会重新出现并传播吗？H5N1 亚型流感病毒是否已储存在不使动物致命的种群中？H9N2 的作用是什么？最后，H5N1 会扩散到中国以外的地方吗？全球流感研究领域需要回答这些问题，万一这种病毒"长了翅膀"，农业和卫生官员才能有所应对准备。

1996 年秋，被称为 H5N1 的禽流感病毒在中国广东省的鹅群中首次出现，严重疾病暴发导致高达 40% 的鹅群死亡。此前，亚洲地区对从野生候鸟中分离流感病毒的研究几乎没有兴趣，所以，追踪病毒起源的尝试因缺乏材料而基本宣告失败。根据我们现在所知，鹅 H5N1 病毒可能来自野鸭，但它不会导致任何疾病。在病毒传播到家鹅后，通过一个我们仍不完全了解的过程从温和株变为致命株。然后，广东 H5N1 流感病毒通过某种途径从养鹅场传到养鸡场，导致了 1997 年 3 月中国香港地区的致命流感暴发，以及此后 4 月和 5 月在邻近地区农场的暴发 [64]。事后看来，在农场受到感染的鸡有可能被送到香港的活禽市场。

虽然在 1996 年广东省出现病鹅，而且第二年在香港地区附近出现病鸡和死鸡，但在这 2 个地区均没有相关病例的报道。第一例人类死亡是 1997 年 5 月香港的那名儿童，来自广州的鹅 H5N1 病毒与从该男孩分离的病毒比较显

示，那名儿童的病毒已获得新的内部成分，甚至神经氨酸（苷）酶（N1）刺
突也不同，唯一一致的成分是血凝素（H5）刺突。那么，这名儿童的流感病
毒是如何获得其他这些材料的呢？

　　与其他传染病一样，不同的物种拥挤在一起为病毒混合基因提供了完美
条件，这可能就是 1997 年上半年在中国香港地区活禽市场所发生的情况。鹅
H5N1 病毒基因与其他病毒基因发生了混合。在这个过程中，鹅 H5N1 病毒
可能从禽类携带的其他几种流感病毒中获得了遗传密码片段，而这些片段能
使 H5N1 病毒传播给人类。病毒学家现在认为，关键病毒是 H9N2，因为它
在活禽市场中也很普遍[65]，H9N2 流感病毒是隐藏在背后的幽灵（图 11-1）。

　　在被我们称为"教唆者"的 H9N2 病毒出现之前，世界上任何地方都
没有人感染过 H5 病毒，尽管后者在世界不同地区鸡群中引起了致命的暴
发。20 世纪 80 年代，大规模致命性 H5N2 流感病毒暴发袭击了美国宾夕法

▲ 图 11-1　1999 年 4 月，《南华早报》刊出了一幅卡通画，形象地将 H9N2 描绘成背景中的幽灵
（经授权转载，引自《南华早报》）

尼亚州兰开斯特县（Lancaster County, Pennsylvania）的养鸡场。数百万只鸡被扑杀，在该地区周围还建立了隔离区。在扑杀禽类的工人咽喉拭子中发现了 H5N2 流感病毒，但是第二天早上采集的拭子却没有病毒。这些研究结果表明，禽类 H5 病毒已被工人吸入，但无法在人体内繁殖。值得注意的是，2013 年导致第二次禽流感暴发的病毒也含有大量的 H9N2 成分。

同时，回顾在 1998 年的香港，所有向活禽市场提供禽类的养殖场要进行登记，严格的操作规程实施以减小香港或内地家禽养殖场重新出现 H5N1 病毒的可能性；频繁地对禽类进行检疫；批发市场将鹅和鸭分开放置。这些举措，使得整个 1998 年间香港市场均未检测到 H5N1 流感病毒。

然而，在 1999 年，水禽批发市场的鹅笼采集样本中发现了病毒。这种鹅 H5N1 流感病毒与原来广东的鹅 H5N1 病毒不同，与来自人类的 H5N1 病毒也不同。它从来自中国南方的其他流感病毒获取了内部组分，来自水禽市场的 H5N1 病毒分离株数量从 1999 年的 4 个增加到 2000 年的 18 个，2001 年则更多，这表明水禽是 H5N1 流感病毒的主要来源。这些调查结果最终导致香港水禽批发市场关闭，以及所有鸭和鹅以加工冷藏状态出售（从内地进口）。

在 2001 年 5 月之前，尽管水禽批发市场中存在 H5N1 病毒，但出售鸡的活禽市场仍然没有发现病毒。当时又出现了另一种具有新型内部成分的 H5N1 病毒株，导致 1997 年的紧急措施重新实施，关闭了所有市场并进行清洁，所有禽类都被扑杀。另外，为了控制病毒可能重新出现采取了额外措施，鹌鹑被禁止进入活禽市场，因为它们经常感染 H9N2 和 H5N1 流感病毒；休市日是强制性的，当天所有零售摊位的禽笼要完全清空并且只售卖处死去毛后的家禽（通常是卖给餐馆），这项措施使得整个城市所有市场都可以关闭 1 天进行彻底清洁和消毒。

很明显，H5N1 流感病毒存在于暂留或生活在香港水禽供应养殖场的水鸟中，家鸭已经成为病毒的主要来源。目前尚不清楚鹅 H5N1 流感病毒何时传播到鸭中，但由于这些鸟类在邻近区域饲养并一起被运到香港活禽市场，后来再被运往水禽批发市场，因此这也并不奇怪。对于家鸭而言，许多品种在感染 H5N1 病毒时没有症状，而这种病毒可以 100% 杀死被感染的鸡。事实上，大多数鸭的品种都不受 H5N1 病毒感染影响，这使得它们成为 H5N1 流感病毒的特洛伊木马，表面看起来健康的鸭，却将 H5N1 流感病毒带入活禽市场并传播给其他家禽和人类。然而，即使在鸭中，H5N1 病毒也表现出巨大的差异性。最近发现，一些流感毒株会使鸭生病并影响它们的神经系统，导致它们绕圈游水或向后转头。

这种病毒不仅出现在香港当地的水禽供应链中，1999—2002 年，在对广东、广西、福建、浙江和上海等中国沿海省市农场的采样中，发现了看似健康的鸭被感染 H5N1 病毒，表明了这些病毒普遍存在 [66]。研究结果还清楚地显示，正如我们所怀疑的那样，H5N1 病毒随着时间推移通过获得其他流感病毒组分而持续演化，现在它们对小鼠也是致命的病毒（实验证实）。如果它们可以杀死小鼠（哺乳动物），那么它们也可能会感染人类。

2002 年 12 月，香港的自然公园暴发了 H5N1 流感，导致包括火烈鸟在内的珍稀水鸟及鸭和鹅死亡。许多公园也受到影响，表明 H5N1 病毒已经扩散到野生自由飞行的候鸟中。这一特殊病毒株（实验证实）对于鸭来说是致命的，受感染的鸭产生了特征性扭头和神经系统疾病症状，不得不被处以安乐死。

* * *

随后的 2003—2004 年北半球冬季，H5N1 流感病毒变得势不可当并蔓延至整个亚洲，几乎在同一时间感染了越南、泰国、印度尼西亚、韩国、日本、柬埔寨和老挝的禽类。该病毒已经获得了几种新的内部组分，并被指定为 Z 基因型（流感病毒中的基因片段混合物变化可随获得基因片段的重配／杂交而变化）。它仍然含有来自广州的鹅原始血凝素蛋白，但已从来自中国的水禽中获得所有其他 7 种组分 [67]。这种 H5N1 病毒在家鸭中变得根深蒂固，然后再次感染野鸭，而促进它的传播。这些 Z 基因型的 H5N1 病毒也在这些国家引起人类感染。到了 2004 年，越南有 29 人感染，20 人死亡；泰国有 17 人感染，12 人死亡。

H5N1 仍在中国发生，并在 2004 年较晚月份传播到马来西亚。所有这些在不同国家暴发的 H5N1 流感都可以追溯到中国的 Z 基因型，但不能追溯到同一地区。例如，在泰国和越南感染人的家禽病毒在遗传学上可以追溯到中国香港地区的 H5N1 病毒，而感染印度尼西亚人的病毒可以追溯到中国的云南省。

那么，这些在中国鸭中演化的 H5N1 病毒是如何几乎同时传遍亚洲的？简单的解释是，它们是由迁徙的野鸭和其他水禽传播。在香港，Z 基因型病毒株已从 1 只死亡的小白鹭（*Egretta garzetta*）、2 只死灰苍鹭（*Ardea cinerea*）、1 只黑头鸥（*Chroicocephalus ridibundus*）、1 只树麻雀（*Passer montanus*）和 1 只游隼（*Falco peregrinus*）中分离出来。然而，家鸭在露天喂养，被感染的鸭在游泳时将粪便中的流感病毒排入水中，死去的野鸟之前有可能在家鸭养殖场中觅食。另一种可能的传播方式是该地区的家禽贸易，这些方式可能都促进了 Z 基因型 H5N1 流感病毒株在整个亚洲的传播，在 2004 年之后，香港实施了对所有活禽和禽类产品的流动限制。

真正的远距离传播直到 2005 年 5 月后才被发现，当时，中国西部青海湖的斑头雁（*Anser indicus*）、海鸥、鸬鹚和赤麻鸭（*Tadorna ferruginea*）大量死亡，死鸟中被分离出了 H5N1 流感病毒（Z 基因型株）。然后，病毒传播到蒙古、西伯利亚、土耳其、欧洲和非洲等其他国家和地区。有未经证实报道称，青海湖附近有斑头雁商业化养殖，但毫无疑问，候鸟是 H5N1 病毒远距离移动的主要因素。在每个受影响的国家，天鹅、鹅和其他野生水禽发生死亡，病毒传播到商业家禽和人类。例如，2006 年阿塞拜疆有 8 人感染，5 人死亡；土耳其有 12 人感染，4 人死亡。

控制对人类和动物健康构成威胁的新发传染病因子有 2 种主要策略，一个是通过扑杀、隔离、清洁和消毒以及赔偿来消灭动物，死亡的动物要焚烧、集中堆放或掩埋，该政策一直持续施行到该地区没有可检测到的病毒为止；第二种策略是扑杀受感染的禽类，然后给传播者（其他禽类）注射流感疫苗，以防止进一步的疾病传播并控制发病。

当疾病因子是首次被检测到并限制在一个小区域时，通常采用第一种方案。欧洲所有拉响过 H5N1 禽流感传播警报的国家都试图将其消灭，在亚洲的日本和韩国也是如此，都成功地消灭了最初发现的 H5N1 病毒及后来重新发现的病毒。

在采取控制措施之前流感就已经广泛传播的国家，采用扑杀禽类和疫苗接种的联合措施。中国（包括香港地区）、越南、印度尼西亚和后来的埃及都采取了这一策略，使用了快速开发出来的高效家禽疫苗，这些疫苗大大降低了人和家禽的 H5N1 流感的总发病率。在香港，所有进入活禽市场的家禽现在必须接种疫苗并进行 H5N1 免疫试验，因此多年来未检测到禽流感。

在越南，H5N1 家禽流感疫苗计划的有效性得到了极大体现。2005 年，有 61 例人感染 H5N1 流感病例并导致 19 例死亡，这种病毒在那里的活禽市场中很普遍。在对包括所有家鸭在内的家禽进行近乎全面覆盖式的疫苗接种后，2006 年，人类病例数量降至零，并且在活禽市场中也未检测到 H5N1。在广泛使用家禽疫苗后，中国感染 H5N1 病毒的人数也骤然降低。

坏消息是，在那些选择使用疫苗的国家，这种病毒病已成为一种地方病。这意味着，H5N1 流感病毒将一直存在于中国、越南、印度尼西亚和埃及。越南的情况，再次清楚地说明了这是如何发生的，其困难之处在于要维持所有家禽完全免疫接种。截至 2007 年，一共发生 8 例人 H5N1 流感病例，其中 5 例死亡；2008 年有 6 例，5 例死亡。由于 H5N1 病毒可以使鸡致病和致死，农民愿意为每批鸡苗接种疫苗；然而，鸭农可能不愿意承受给鸭接种疫苗的经济负担，因为这种病毒不会导致鸭子患病。鸭农会问，"为什么要把钱花在一种抵御不会引起鸭病的病毒疫苗上呢？"但是，鸭的确是这种病毒沉默的载体。

此外，虽然疫苗接种可有效减少人类和家禽疾病，但从长远来看，它会促进疫苗无法控制的病毒株出现。最重要的是，虽然采用短期疫苗接种与扑杀结合使用来控制病毒传播的方式有效，但是长期的疫苗接种会导致病毒持续存在。

为了尽量减少对动物健康构成威胁的疾病传播，进而减少对世界食品供应的威胁，隶属于世界动物卫生组织的国家，有义务在疾病发生时报告该组织。H5N1 禽流感当然属于这种可报道疾病的一种。但是，报告这种疾病的后果之一，便是一个国家必然招致所有其他国家对该国相关产品实施禁运。对于报道 H5N1 病毒而言，禁运可能包括所有活的或加工过的家禽产品，以及冷冻肉类甚至羽毛和鸭绒，致使数百万美元的收入岌岌可危。所以，就会存在隐瞒信息的趋势，因此，亚洲人群被当作家禽疾病的预警信号，如谚语中的矿井中的金丝雀。虽然 H5N1 流感病毒在 1996 年就从广东的鹅中分离出来，但直到第一个人被感染 H5N1 禽流感，疾病预防控制中心的工作人员开始寻找病毒的可能来源时，才揭示了有关病毒在鹅中的情况 [68]。

不愿分享信息的另一个例子，涉及我们的一项工作，就是中国沿海地区的鹅和鸭中出现的 H5N1 病毒传播到中国中部地区活禽市场，及其可能成为该地区人类潜在威胁的研究。江西医科大学和圣裘德儿童研究医院的团队，在中国中部地区活禽市场中开展了长期流感监测计划以回答这个问题。从南昌一家活禽市场每月一次的家禽采样中，我们分离出了多种流感病毒，包括 4 种具有不同内部组分的 H9N2 流感病毒。然后，在 2000 年 2 月，从 1 只鹌鹑和 4 只鸡中分离出一株 H5N1 流感病毒。这些禽类看起来非常健康，而且市场上没有出现死禽。接下来，在 5 月份的南昌活禽市场，从 3 只鹌鹑中分离出来 H5N1 流感病毒，这表明，活禽市场的供货养殖场没有被广泛感染（图 11-2）。

比较研究显示，取自南昌的 H5N1 病毒与取自香港的 H5N1 病毒基本相同，意味着，这些致命的 H5N1 病毒存在于南昌的活禽市场中，我们立即提

▲ 图 11-2　中国中南部江西省南昌市的一家典型活禽市场，显示了禽类品种混在一起，2000 年 2 月，首次发现 H5N1 流感病毒

交了报告，不久之后整个监控计划被终止，因为实验室没有高级别防护设施来保护人员免受致命病毒的感染，中国地区的 H5N1 流感信息在 2004 年被报道到世界动物卫生组织。

　　在这一年，我是一篇科学论文的作者之一，该文章报道了一名来自香港的男子及其家人在访问福建省的亲戚后感染流感[69]。8 岁的女儿在福建死于肺炎，这名 33 岁的男子在福建患病，返回香港后死于病毒性肺炎，一名 9 岁男童患上严重流感但最终康复。从该家族中分离出的流感病毒属于 Z 基因型株，也就是 2 年前在香港自然公园野鸟中被发现杀死鸭的病毒株。当这家人感染严重疾病时，香港的活禽市场中没有发现病毒，表明他们是在福建被感染的。

　　这篇文章是圣裘德儿童研究医院和香港大学的合作研究成果，在同一家庭的 2 个成员死亡，以及这些病毒在实验中感染小鼠的特性研究，表明了这些病毒可能会对人类以及家禽造成威胁，因此，我们公布了这一信息，提醒中国卫生官员，需要准备疫苗，并实施减少病毒传播的策略，当时还没有针对 Z 基因型 H5N1 病毒的疫苗。

就在这篇文章几乎马上要发表时，中国卫生部、农业部与世界卫生组织联合召集了中国世界卫生组织流感网络的主要科学家和流感专家举行会议，讨论关于中国 H5N1 病毒学和流行病学情况，会议于 2006 年 12 月 4—8 日在北京召开。

中国卫生部对 Z 基因型流感病毒在中国从受感染的人传播到其他人的问题非常关注，而农业部却认为在中国 H5N1 型流感病毒并不像该期刊文章所说的那样广泛。来自亚特兰大的疾病预防控制中心的南希·考克斯提出了整个会议真正重要的潜在问题，她问来自于农业部的报告人："如果中国的家禽很少或没有流感，你如何解释中国最近报道的 20 例人类感染病例？目前的 Z 基因型 H5N1 型病毒有没有人传人？"这位官员没有对最近 20 例人感染提出异议，但坚决否认了人与人之间的传染。他们相信，他们已经通过家禽疫苗建立了无 H5N1 病毒区域。

在中国，通过经常更新家禽疫苗成功地将人类感染数量保持在低水平，2017 年的感染率为零。然而，H5 病毒一直在持续演化，H5N6 引起人和家禽感染。家鸭仍然是潜在问题，H5N1 病毒在家鸭中局域流行，偶尔会传播到家鸡和人类中。目前还没有根除 H5N1 流感病毒的激励性或现实性策略，也许，发生了许多人类死亡病例或演化后的 H5N1 流感病毒出现人传人的病例才能关闭活禽市场，并迫使有关部门采取更有力措施消除区域家养水禽中的致命流感病毒。

21 世纪第一次流感大流行
The First Pandemic of the 21st Century

随着 H5N1 流感病毒的持续传播，并在传播中从野生鸟类储存库中获取其他流感病毒片段而不断变化，世界上的流感专家包括我自己都深信，人类下一次流感大流行将由 H5N1 病毒引起。我们的想法是，H5N1 病毒不仅能够获得从家禽传播到人类，而且能够获得在人与人之间传播的能力，这只是一个时间问题。由于感染 H5N1 病毒人的死亡率高达 60%，这种情况极其令人担忧。我们都确信，需要准备好疫苗和药物，以便在"热点"病毒突然暴发时立即投入使用，并且考虑了预防和应对流感暴发的各种生物医学和公共卫生策略。

在实验室中改造流感病毒的能力是一项重大突破，可以用来快速制备安全的疫苗。在此过程中，需要根据世界卫生组织具体规定的一系列试验进行测试，使得 H5N1 病毒安全地用于疫苗生产。我们使用"分子剪刀"，"剪掉"了流感基因片段中具有杀死鸡毒力的一小段，将其替换为一段安全的基因序列。然后，我们使用之前用的疫苗病毒株替换一些其他的基因片段，这些片段可以为人类提供良好保护。通过这种策略，我们可以制作"疫苗种子"，来追上 H5N1 和其他禽流感病毒在自然界所经历的变化。这些"疫苗种子"被提供给制造流感疫苗的公司，以防大自然母亲突然启动另一个开关。

对付潜在 H5N1 大流行的另一策略是生产一种阻止病毒传播的药物，用于该目的的主要药物是第 3 章中描述的抗神经氨酸（苷）酶类药物：达菲

（奥司他韦）、瑞乐沙（扎那米韦）、拉比福（帕拉米韦）和伊那韦（拉尼娜米韦）。它们与流感病毒表面的神经氨酸（苷）酶结合，阻止病毒从一个细胞扩散到另一个细胞，通过这种方式，药物可以抑制病毒在易感人群中传播。已经证实这些药物是安全的，并对在人类中流行的 H1N1 和 H3N2 流感病毒株是有效的。

但是，这些药物在小鼠和雪貂实验中的有效性测试表明，它们具有一些局限性。例如，在用 H5N1 病毒感染前或感染后 1 天之内，用奥司他韦或其他神经氨酸（苷）酶抑制剂治疗小鼠和雪貂，可以使得动物免于死亡并降低它们体内 H5N1 病毒数量；如果治疗延迟到第二天，动物中病毒数量就不能下降那么多；如果到第三天才治疗，所有的动物都死了。这些结果与在人类感染流感病毒并服用达菲药物的研究结果一致，在确诊流感后的 3 ~ 4 天，治疗效果最差。如果药物治疗足够早的话，达菲是一种非常好的药物，但它的有效性窗口期非常短并且药效下降很快。

治疗流感的新药需求很迫切，一些药物正在研发线上。日本正在开发的一种具有前景的新药 T–705（法匹拉韦），当它与奥司他韦一起使用时，可将治疗 H5N1 流感的有效窗口期延长至近 1 周。奥司他韦与一种叫作金刚烷胺的老药一起使用也可以提高两者药效，其他的新药也正在研发线上，将在第 17 章讨论。

控制 H5N1 禽流感的第三项策略是，在检测到病毒后立即关闭所有活禽市场。从 1998 年香港的经验来看，这项策略的有效性显而易见。当时，所有活禽市场关闭后，人类感染 H5N1 病毒的新病例从 18 例下降到 0 例。作为一名公共卫生科学家，我不得不说，最佳选择是永久关闭全球所有活禽市场，但这并不容易实现。中国和其他一些国家制冷设备日益普及，当禽流感暴发时，正在逐步关闭活禽市场。然而，在像孟加拉国这样通常没有家用冷藏设备的国家，人们依赖活禽市场才能获得新鲜家禽。此外，活禽市场在很多国家都成为文化的一部分，人们需要几代人才能接受冷藏或冷冻家禽和集中加工的观念。虽然，关闭活禽市场已经证明可立即减少 H5N1 和 H7N9 流感病毒向人类的传播，但是，集中处理禽类肉制品仍是包括流感在内的传染病病原体来源。所以，烹饪家禽和清洁砧板仍是必不可少的。

开放的活禽市场为流感病毒提供了持续突变、混合和重配的理想机会，想必，一株病毒将会能够在人与人之间传播。到那时，是否关闭活禽市场将没有实际意义，因为到那时已经太迟了。

2009 年，大自然母亲彻底愚弄了世界上的流感专家，她没有给我们送来另一种 H5N1 病毒，而是送来了一种与 1918 年流感病毒相似的 H1N1 甲型流感病毒，令人深感恐惧。似乎 1918 年的经历即将重演，这种病毒在流感大流行 90 周年的时候重新植入人群。很快，它被全球媒体称为"猪流感"，这使得墨西哥和美国猪农大为沮丧。尽管世界卫生组织做出迟来的努力，将病毒称为 2009 年 H1N1 病毒，避免使用"墨西哥"和"猪"这两个词，因为它们暗示了对被检出病毒的国家和宿主的指责，但这一非正式标签的影响并未消除。

虽然这种新病毒在墨西哥人和猪中出现完全出乎意料，世界卫生组织的流感网络对它的反应显示了其仍运作良好。从墨西哥人的体内分离出的 2009 年 H1N1 流感病毒初步特征表明，其血凝素与 1918 年流感病毒的血凝素非常相似。理所当然，我们立即担心起这种病毒可能导致与那次大流行一样严重和传播广泛的疾病。当时，在墨西哥人群中的暴发似乎很轻微，疾病持续两至三天，只有少数严重病例。但是我们知道病毒变化的速度和致命性，世界各地的流感专家认为有必要为最坏的情况做好准备。以前为可能暴发的 H5N1 流感的暴发安排的应对策略很快得到实施——制备了疫苗，各国也被鼓励储备抗流感药物。

当然，2009 年 H1N1 流感病毒确实从墨西哥传播到其他地方，由此产生的疾病影响到了全世界所有国家的人类，符合世界卫生组织制定的所有关于流感大流行的标准。幸运的是，这种病毒并没有变得非常致命。并不是说这是一场完全"窝囊"的流感大流行，正如一些专家后来观察和发现的那样，它导致了全球约 284 000 人死亡。年轻人特别易感，一些族裔群体，如加拿大原住民感染者发展到重症的概率是普通人群的 6.5 倍[70]。澳大利亚原住民也受到较严重的影响，相比于其他澳大利亚人群，原住民感染者中的重症比例是他们的 4.5 倍[71]。然而，总体而言，2009 年 H1N1 流感大流行比其他流感大流行更为温和，这次 H1N1 病毒取代了此前流行的 H1N1 病毒，并从那时起持续引发季节性流感。

在这次疫情暴发之后，欧洲委员会指责 WHO 的流感专家"错误处理"了这次大流行。他们宣称，专家们高估了大流行的严重程度，也可能因与工业界过于紧密的关系而做出妥协，推荐了结果被证明为无效的储备药物，并进一步认为疫苗太少、制备得太晚。

WHO 非常认真地对待这些批评，并组建了一个来自数个国家的国际公共卫生官员小组，以确定是否存在任何不当行为[72]。在足够的疫苗供大众使用之前，这次流感大流行确实在全世界蔓延。我们对可能严重程度的预测是不正确的，因为我们还不知道如何科学地预测流感疫情的严重程度，因此，我们在谨慎决定和充分准备方面犯了错误。

尽管快速制造流感"疫苗种子"的方法有所改进，但是生产一种新疫苗并进行安全性测试以及生产足够数量疫苗并分发出去，这一系列工作仍需要很长的时间。我们不能以足够快的速度在流感大流行第一波横扫世界的时候发挥作用。我们不能给数百万人接种未经测试的疫苗，必须先在部分人身上进行测试，以确保不会引起任何不良反应，并且确实产生预期水平的保护性抗体。由于我们现在已经对几种 H5N1 流感疫苗进行了安全性测试，我们或许能够加快对新的 H5N1 流感疫苗测试。但是，生产 2009 年 H1N1 流感病毒疫苗必须从头开始，这一过程需要约 6 个月。尽管受到了批评，但是这种疫苗可能已经降低了这次流感暴发的严重程度。

批评者提出的最有争议的问题，是指控卫生官员受到药品制造商的影响而建议储备抗流感药物。由于那些药物是当时最好的，所以这也是我们能给予的最好建议。它们绝不是流感的完美药物，但已被证明是有益的。我们都知道需要更好的药物，但是在拥有它们之前，坚持使用抗神经氨酸（苷）酶类药物。药物储备的想法是准备足够的药物以减少病毒传播，并且在疫苗制备好之前有可用于治疗的药物，制备疫苗可能需要长达 6 个月的时间。

世界卫生组织调查小组的结论是，他们提供了最好的建议，他们的专家没有从工业界收受贿赂，他们需要更好地理解流感严重程度以及如何预测这种严重程度。

* * *

类似于 1918 年 H1N1 的流感病毒在 2009 年出现，对我们这些试图了解病毒来源的人来说是非常感兴趣的事情。每种新病毒都有的独特组分，使我们能够根据病毒的各个组分来追踪其祖先。我们现在已经将该病毒的 8 种组分追溯到它们的源头，而所有这些组分都可以追溯到世界上野鸭种群中携带的流感病毒。但它们来自不同的路线，一些来自美国，一些来自欧洲（图 12-1）。

在 1979 年的欧洲，野生水鸟中的一株 H1N1 甲型流感病毒传播到猪中。它的所有组分都来自野生鸟类，并成为欧洲的猪中主要流感病毒株，能引起轻度呼吸道疾病。1998 年，一株新的流感病毒在猪中出现，这种病毒在美国得克萨斯州、明尼苏达州和艾奥瓦州的猪中引起严重感染，取代了已经在猪中引起近一个世纪的 1918 年猪流感病毒后代。当我们研究它的组分时，发现它是一种三重杂交病毒，有 3 个组分（PB1、HA、NA）来自人类 H3N2 流感病毒，3 个组分（NP、M、NS）来自经典的 1918 年流感病毒，以及来自野鸭流感病毒的 2 个组分（PB2、PA）[73]。

2009 年出现在墨西哥的 H1N1 病毒，包含了来自美国三重排流感病毒的 5 个组分（PB2、PB1、PA、NP、NS），来自欧洲猪流感病毒的两个组分（NA、M），以及来自墨西哥的猪流感病毒血凝素组分。我们不知道所有这些亲本病

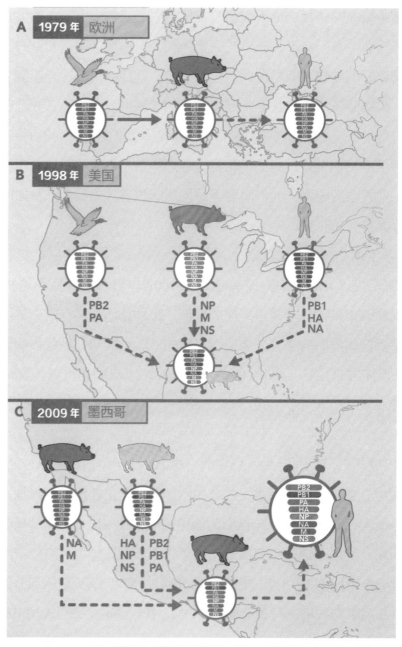

▲ 图 12-1　2009 年 H1N1 大流行流感病毒包含最早在欧洲、美国和墨西哥的猪中检测到的流感病毒基因片段

欧洲猪流感病毒（A）于 1979 年在欧洲野鸭中出现，导致猪的流感并偶尔感染人类，不能在人与人之间传播。美国猪流感病毒（B）于 1998 年首次被发现，包含着三重排，有 2 个基因片段（PB2、PA）来自美国野鸭，3 个基因片段（NP、M、NS）来自经典的猪流感病毒，它们是 1918 年流感病毒的后代，3 个基因片段来自流行的人类 H3N2 流感病毒（PB1、HA、NA）。2009 年 H1N1 流感大流行病毒（C）从欧洲猪流感病毒中获得了 2 个基因片段（NA、M），从来自美国的三重排病毒中获得 5 个基因片段（PB1、PB2、PA、NP、NS），并从墨西哥的猪中获得了血凝素基因

毒是在哪里相遇的，最简单的解释是，欧洲和美国的猪被输入墨西哥，在那里，病毒相遇并交换了遗传物质。

虽然 2009 年 H1N1 流感大流行被认为是相对温和的，但它确实在全世界人类中存活了下来，并取代了之前流行的 H1N1 病毒。在世界上许多地方，它还传播到猪中引起轻微疾病，未来还可能与猪流感病毒有更多的混合。

在 2009 年 H1N1 流感大流行之后，正如上文所述，香港科学家发布了上述关于病毒起源的重要发现，基于每周 1 次从中国南方城市深圳附近一家屠宰场的猪中采集样本为基础的研究成果。他们相信，这种病毒可能在被检测到之前已经存在了一段时间，由于对墨西哥的猪监测很少，这项研究为我们对 2009 年 H1N1 病毒的理解做出了重大贡献，并在著名期刊 *Nature* 上发表[74]。

该论文发表后不久，中国农业部召集会议讨论了这项工作，并将其结果与其他数据进行了比较。文章共同参与者——科学家加文·史密斯（Gavin Smith）、马利克·裴伟士（Malik Peiris）和管轶解释说，*Nature* 证实 2009 年的 H1N1 流感肯定起源于美洲，而不是亚洲。这样才平息了此次事件。

对美洲发生的 1918 年和 2009 年 H1N1 流感病毒大流行的检测结果给了我提示，两者的血凝素基因可能都源自美洲野生水鸟中的病毒，而 1957 年亚洲 H2N2 和 1968 年中国香港地区 H3N2 流感大流行的血凝素、神经氨酸（苷）酶和 PB2 基因则可能起源于亚洲野生水鸟中的病毒。

SARS 暴发和禽流感再暴发
SARS, and a Second Bird Flu Outbreak

2013 年 2 月，在上海的人群和家禽中出现了由 H7 亚型流感病毒引起的第二次禽流感，这是一种 H7N9 流感病毒，它在鸡中引起了非常轻微或不明显的症状，却杀死了约 30% 的受感染人类。人类的症状几乎与 H5N1 禽流感的症状相同：高热、喉痛，并迅速发展为肺炎 [75]。虽然大多数感染 H5N1 病毒的人是健康的中年女性，但是最早感染 H7N9 病毒的人是年龄较大或患有心脏病、哮喘等疾病的患者。

当时，活禽市场中的家禽没有被发现疾病或症状，这意味着人类再次成了矿井中的金丝雀，这次中国卫生部门的反应令人印象深刻。人类和家禽疾病的暴发被立即报告给了世界卫生组织，所有能得到有关 H7N9 流感病毒的信息立即公开，包括其完整的遗传密码。中国卫生部门如此的开放和分享的行动，得到了世界其他国家的赞扬和感谢，这也证明了"同一个世界，同一个健康"倡议的巨大重要性，相较 2006 年重症急性呼吸系统综合征（SARS）暴发时要好。

在这里，暂时绕开 H7N9 去看一看 SARS。因为香港大学为应对 H5N1 禽流感而开发的基础设施，完美地应用在了检测 2003 年的 SARS 上。SARS 是另一种呼吸系统疾病，与一组引起普通感冒的冠状病毒关系密切。SARS 的特征是身体发冷、肌肉酸痛、头痛和食欲不振，最初被认为是由 H5N1 禽流感病毒引起的。SARS 冠状病毒通过呼吸道飞沫、粪便污染以及尿液在人与人之间传播。死亡率与年龄有关，25 岁以下人群不到 1%，65 岁及以上人群死亡率超过 50%。该病毒最初是一种动物病毒，在广东省人与人之间传播，然后又传播给了香港的游客，继而感染了新加坡和加拿大的人群。它迅速通过酒店和医院传播，并显示出了成为一种新流行病的所有迹象。

马利克·裴伟士分离了 SARS 病原并鉴定其为冠状病毒，增加了未来制造疫苗并制定控制卫生策略的可能性 [76]。同时，管轶确定了中国南方动物市场上的果子狸（*Paradoxurus hermaphroditus*）是病毒向人类传播的中间宿主 [77]。果子狸在市场上被当作人类食品消费的珍稀野生动物出售，它们被从市场上移走，饲养动物的农场被关闭。后来，香港大学的袁国勇也证实，SARS 病毒的最终来源是香港本地菊头蝠（*Rhinolophus species*），蝙蝠群落于是不再受到干扰，人们现在知道了进入蝙蝠栖息地的风险。

SARS 冠状病毒在人与人之间迅速传播的能力使研究人员感到惊讶，这是流感病毒学家必须保持留意的教训。幸运的是，一项流行病学研究很快就确立了洗手、戴口罩和保持良好卫生状况可以防止病毒传播。当时，一共有 8096 人感染了 SARS，724 人死亡，包括中国 648 人，加拿大 43 人，新加坡 33 人。

* * *

现在，让我们回到 2013 年在上海出现的 H7N9 流感，这是第二种禽流感病毒。基于对活禽市场在 1997 年 H5N1 禽流感中产生的作用的了解，使我们怀疑活禽市场也是 H7N9 病毒的来源。当地卫生部门关闭上海的活禽市场，采取这一行动后，效果与 16 年前的香港相同，新的人流感病例数迅速降至零。还不清楚上海活禽市场的所有家禽的情况。有传言说，至少有一部分感染了 H7N9 病毒而没有出现明显的疾病的鸡，被用卡车运到上海南边的市场。如果这是真的，这就解释了为什么病毒在上海迅速传播：因其没有关闭活禽市场。

对这一病毒的实验室检查结果，显示出其与 H5N1 病毒显著的相似性。

H7N9 病毒的 8 个组分中有 6 个来自 H9N2 流感病毒，血凝素表面刺突来自一株野鸭流感病毒，神经氨酸（苷）酶来自一株不同的野鸭流感病毒（图 13-1）。

H9N2 流感病毒并不是新发现的病毒，但在这里它成为推动因素，使 H7N9 能够从家禽传播给人类并导致严重甚至致命疾病。对中国 2010—2013 年 H9N2 病毒的研究表明，它们在中国大部分地区普遍存在，导致养鸡场产蛋量减少[78]。

在 20 世纪 90 年代初，开发出了针对 H9N2 病毒的家禽疫苗并实施免疫接种。这些疫苗可有效遏制家禽产蛋量下降，但也会导致病毒发生变化。因

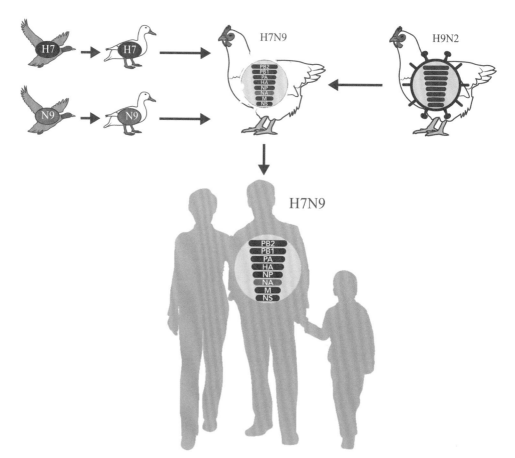

▲ 图 13-1　第二种禽流感病毒 H7N9 是一种三重配（杂交）病毒

血凝素（H7）基因片段来自传播至家鸭的亚洲野鸭流感病毒；神经氨酸（苷）酶（N9）基因片段同样也来自传播至家鸭的不同亚洲野鸭流感病毒；其他 6 个组分来自家鸡中的 H9N2。这种新病毒 H7N9 开始传播到人类，并在超过 30% 的病例中被证明是致命的

为 H9N2 病毒发生了变化，所以又开发了新的疫苗。但是，H9N2 病毒最终与一株 H7N9 病毒发生重配，产生了 2013 年传播到人类的禽流感病毒[79]。

在上海地区出现的第一波 H7N9 流感中，有 135 人感染，45 人死亡。在实验室对 H7N9 流感病毒的研究表明，该病毒具有人传人的特征。为了确定哪种禽流感病毒（H5N1 或 H7N9）具有更大的人与人之间传播潜力，我们在雪貂（我们所拥有的测试人类传播风险最佳模型）中进行了风险评估研究。将每 2 只通过鼻腔感染了 H5N1 或 H7N9 病毒的雪貂分别放入装有 4 只健康雪貂的笼子中，测试直接接触的传播结果；将 4 只健康的雪貂放在 1 个相隔 20 厘米距离的笼子中，测试病毒是否通过气溶胶传播的结果。

H5N1 病毒传播给了与 2 只受感染动物直接接触的所有雪貂，但没有传播给邻近笼中的雪貂。但是，H7N9 病毒不仅传播给了直接接触的雪貂，而且传播给了相邻笼子中 4 只雪貂中的其中 2 只，这就证明了 H7N9 病毒可以通过气溶胶扩散传播。因此，H7N9 流感病毒更具有通过空气传播的潜在可能性。

在 H7N9 人类病例数量降至零之后，上海的活禽市场又重新开放了，偶尔还有人类感染的报道。与此同时，病毒传播到了中国南方，2014 年 1 月在广州发现了第一例人类感染。因为受感染的家禽不出现任何疾病迹象，这种传播是不可避免的。没有证据表明候鸟也参与了病毒的传播，但是在高安全级别的实验室中，小型家养鸟类如金丝雀、虎皮鹦鹉及麻雀等能够被实验性地感染，因此，它们是可能在当地传播病毒的。由于最初受感染的群体是老年男性组，因此我们怀疑中国人遛鸟并跟鸟说话的习俗可能助长了病毒的传播[80]。

迄今为止，H7N9 病毒尚未传播到中国邻近的国家，但受到感染的人已经将病毒带到了中国台湾地区。尽管如此，这种病毒到现在尚未获得人传人的能力。自 2014 年以来，每年冬季 H7N9 流感病毒都从活禽市场传播到人，在中国人群中造成严重的疾病和死亡。但是这种疾病传播模式已经发生了变化，它感染的年龄层更广泛，此外还包括健康的个体（图 13-2）。

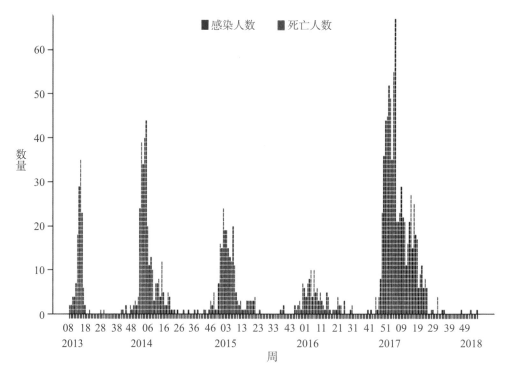

▲ 图 13-2　显示自 2013 年以来中国人感染 H7N9 禽流感病例数时间表

病例数每年冬季达到峰值。大多数 H7N9 病毒感染人类是通过人和家禽之间直接接触发生，这些直接接触通常在活禽市场发生。当活禽市场关闭时，人类病例数量急剧下降。在图示的时间里，共有 1623 例人的病例，其中 620 人死亡。迄今为止，该病毒尚未获得人传人的能力，但 2016—2017 年的病例数量大幅增加令人非常担忧（图片由世界卫生组织提供）

* * *

2017 年 2 月初，当我在香港撰写关于 H7N9 流感暴发的文章时，H7N9 流感病毒在中国人群中造成的疾病峰值比通常更大，病毒发生了很大的变化。从 2013 年 2 月到 2016 年年底，H7N9 病毒在家禽中引起难以察觉的疾病，然后变成了像 H5N1 病毒一样成为鸡的致命杀手。中国和其他地方的科学家已经预料到这种类型的变化，从鸡的良性病毒株到杀手病毒株，因为这是流感病毒 H5 和 H7 亚型的已知特征之一。

我们知道它成为鸡的致命杀手所需的 H7 刺突确切变化，并一直在关注这种变化的发生。在写文章时，H7N9 病毒局限在鸡中，没有传播到其他宿主，消灭它是一项艰巨任务，但却是值得去做的事情。

每年冬季 H7N9 禽流感病毒在中国暴发的时候，与其相应的 H5 也在不断变化。一组高度致命的 H5N1 病毒似乎在许多国家的家禽中永久存在，并且在中国、越南、印度尼西亚、印度次大陆和埃及流行。在 2015 年，埃及的一次重大疫情造成 136 人感染，39 人死亡。

这组病毒现在仍然在不断变化，并且已经出现许多杂交病毒，其中一种具有在野鸭中轻易传播的能力。2014 年在韩国，它获得了新的神经氨酸（苷）酶刺突，成为 H5N8 流感病毒。这种病毒真像是长了翅膀，2014 年 1—3 月在日本的野生水鸟中被发现；4—5 月，它已经传播到了西伯利亚和阿拉斯加的野生水鸟中；9—10 月，欧洲和北美的野鸟和家禽中都出现了这种病毒。

这是可怕的亚洲 H5 病毒第一次传播到美洲，较早前的 H5N1 病毒并没有成功地传播至此。H5N8 首先在美国华盛顿州一只饲养的白隼中被发现，与韩国的鸭 H5N8 流感病毒相同，可能是由迁徙水禽传播。这一病毒传入到美洲后，立即与已存在野生水禽中的流感病毒重配，产生 H5N2 和 H5N1 流感病毒 2 种后代，突然之间，华盛顿州地区的野生鸟类中就有了 3 种致命的 H5 流感病毒 H5N8、H5N1 和 H5N2。然后，在秋季（10—11 月）从阿拉斯加和加拿大向南迁徙的野鸭，带着这些病毒沿着南太平洋路线飞行，将这些病毒传播到华盛顿州、爱达荷州、俄勒冈州和加利福尼亚州的商业养殖家禽群中，并导致了鸡和火鸡高达 100% 的死亡率（图 13-3）。

最具破坏性和高度传染性的病毒是 H5N2 病毒株，2015 年 4—5 月，从中美洲迁徙到加拿大的鸭携带着致命的 H5N2 病毒进入密西西比河谷上游，这是一个遍布家禽养殖场的地区。尽管有人发出预警——需要提高生物安全防护，但 H5N2 和 H5N8 还是成功感染了 220 多个家禽养殖场。如果还有什么好消息的话，那就是没有发现人类感染，这可能是由于美国中西部没有活禽市场的原因；另一个可能的原因是，H5N8 病毒的基因与美洲存在许多流感病毒的基因重新配对，H5N8 可能失去了某些传播给人类的能力（从 H9N2 病毒中获得）。

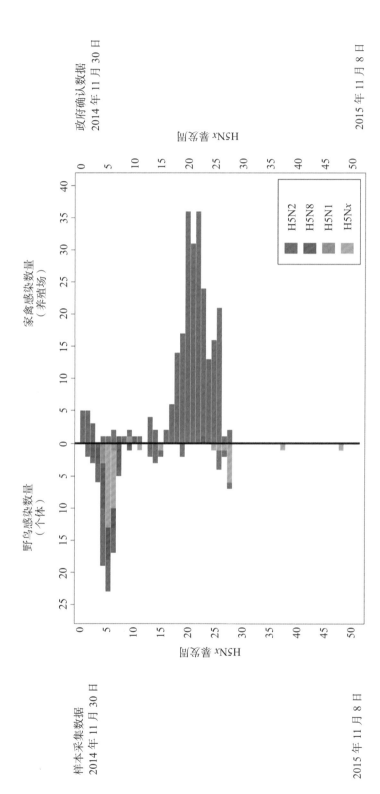

▲ 图 13-3 北美野鸟和家禽中 H5Nx 流感暴发

从韩国来到北美的致命 H5N8 病毒与野禽中的流感病毒重配，产生了 H5N1 和 H5N2 杂交病毒，这些病毒在迁徙水禽和家禽养殖场中传播。最致命的是 H5N2，导致了超过 4200 万只鸡和 750 万只火鸡被扑杀，以遏制病毒传播并将其消灭美国农业部门采取的策略是扑杀、隔离和对农民进行赔偿。超过 4200 万只鸡被扑杀，约占全美国鸡总数的 10%，750 万只火鸡被扑杀，约占全美国火鸡总数的 3%。在此过程中，在 85 只野生鸟类中检测到 H5 流感病毒。

到 2015 年夏天（7—8 月），家禽养殖场新暴发的 H5 流感病毒数量已降至零，农业部门也屏住呼吸等待着来自加拿大的迁徙鸭。它们会再次带来 H5流感病毒吗？家禽养殖户一直在恳请农业部允许使用疫苗来保护他们的家禽。美国农业部确实准备了数百万剂 H5 疫苗，但没有允许家禽养殖场使用它们（因为担心成为病毒性地方病——见第 11 章）。野鸭沿南下路线如期抵达，但并没有携带 H5 流感病毒。自 2016 年 6 月以来，北美家禽养殖场再没有暴发 H5 流感，研究人员在北美野生鸟类中发现了 H5 病毒的踪迹（H5N2 病毒上刺突 H 基因序列），但是没有发现活病毒。

来自野生水鸟的致命 H5 流感病毒意外消失是一个谜，人们提出的解释引起了争议。我们研究小组已经对美国和加拿大野鸭流感进行了 40 多年的调查，但在加拿大的阿尔伯塔省，从未检测到致命的 H5 或 H7 流感病毒[81]。我们相信野鸭有一个未知机制将杀手 H5 和 H7 流感病毒排除在了野鸭繁殖区之外，但是温和型的 H5 和 H7 流感病毒，以及世界上其他地方发现的大多数流感病毒，却经常出现在看似健康的雏鸭中。

一种可能的解释是，鸭子接触大量的流感病毒，包括非致命的 H5 和 H7病毒，为鸭类提供了群体免疫能力。这还可能涉及其他的机制，例如鸭的基因为其提供了对流感的固有免疫力；而不幸的是，鸡在从来自丛林鸡的演化过程中失去了这个基因。然而，一些科学家不同意这些解释，认为致命的 H5病毒仍潜伏在野生水禽中。时间将给出答案，显然，需要进一步的科学研究来解释为什么致命的 H5 和 H7 流感病毒在野生水鸟中不致病。

与此同时，亚洲持续存在的 H5 型致命病毒已经与该地区的流感病毒发生了活跃的重配，产生了一种 H5N6 流感病毒，于 2017 年在中国、缅甸和越南的家禽中引发了致命疾病暴发。H5 和 H7 流感病毒不休的变化以及与其他病毒杂交并获取新成分的趋势已经引起了人们严重的忧虑，担心它们将获得人传人的能力。最近一些研究人员已经相信，由于禽流感在世界上存在了 20 年而没有人传人，所以它不能人传人而且将来也不会。但是，当 2 组科学家制造出了一种 H5N1 禽流感病毒，可以在雪貂笼子之间传播并导致严重疾病时，这个愿望被打碎了（见第 16 章）。

随着所有的活跃演化，众多的 H5 和 H7 亚型的出现以及这些"热点"流感病毒在欧亚大陆至少 4 个地区的持续存在，我们在流感研究领域迫切需要更好的策略以应对不可避免的人类大流行。

揭开 1918 年大流感的真相
Digging for Answers on the 1918 Spanish Influenza

　　1918 年的流感病毒致死人数超过了两次世界大战总死亡人数，原因何在？这是 20 世纪 80 年代一个非常重要的未解题。我们需要了解、掌握这种病毒，发现它的秘密。不幸的是，由于直到 20 世纪 30 年代流感病毒才被分离出来，因此在 1918 年大流感期间没有样本被保留下来。我们唯一的希望，是保存在福尔马林中来自士兵或流感患者的组织样本，这些展示罐陈列于不同的病理博物馆的各个机构。另一种可能的样本来源，是在北极地区死亡并被埋在永久冻土中的患者，60 年后，我们能否在这些不太可能的地方找到 1918 年流感病毒的样本？

　　在 20 世纪 80 年代的科学会议上，圣裘德儿童研究医院的研究小组向同事们询问，他们是否知道有病理部门用福尔马林保存了当初可能被诊断患有流感的人肺部或其他部位的组织。我们听说华盛顿特区的美国武装部队病理学研究所收集了大量这类组织，它们来自于 1918 年大流感期间在军营中死亡的年轻士兵。我立即写信给该研究所的道格拉斯·威尔（Douglas Weir），提议进行一项联合研究，尝试找出 1918 年流感病毒引起如此严重疾病的原因。我们知道不会从样品中获得活病毒，因为福尔马林在制备疫苗中用于杀死流感病毒。然而，我们想要确定病毒的遗传密码，期望组成病毒遗传物质的化学物质能被充分保存下来用于研究分析。

我们对威尔快速肯定的答复感到非常高兴，1990 年 2 月 2 日，我们就收到了一批来自 9 名 1918 年流感患者的福尔马林固定的肺样本。由于这是珍贵的材料，我们使用福尔马林固定的老鼠与雪貂的肺和呼吸道组织来开发及优化实验方法，这些动物感染了已知会导致严重和致命疾病的流感病毒，直到我们对方法感到满意后，就马上应用到威尔提供的 9 个人体肺部样本上。

尽管，从动物组织中获取了很小一部分的流感病毒遗传密码，但是，人体组织实验结果却令人失望，我们所发现的遗传密码只有极小一部分属于流感病毒，似乎构成流感病毒遗传密码的分子在福尔马林中浸泡近 70 年后已经分崩离析了。

虽然我们最初涉足这个领域的结果令人沮丧，但是几年后我们很高兴地得知当时并没有找错方向。来自武装部队病理学研究所的杰弗里·陶本伯格（Jeffery Taubenberger），研究了用福尔马林固定后包埋于石蜡块中用于制备组织切片的 1918 年流感患者的肺组织，这些石蜡块中的组织与我们之前分析过的组织不同，没有长期浸泡在福尔马林中，这项研究提供了 1918 年流感病毒的最早遗传密码，这项开创性的工作发表在著名的《科学》期刊上 [82]。

现在，陶本伯格的研究还有另外一个问题。虽然组织块给出了关于流感病毒基因组的较短片段信息，但是我们对基因组较长片段信息的了解仍然不完整，因为在石蜡块中肺组织的基因组长片段信息会渐渐消失。

与此同时，由加拿大温莎大学基尔斯蒂·邓肯（Kirsty Duncan）领导的一个科学家团队正在前往一座距离挪威大陆北部大约 1000 公里的挪威岛屿——斯匹兹卑尔根（Spitsbergen）煤矿的途中，他们试图获取在 1918 年大流感期间死亡的年轻男子组织样本。那时候的每年夏天，煤矿业主都会在大陆的特罗姆瑟（Tromsø）招募强壮年轻人，这些人可以在一年的采矿中赚到足以购买一个小农场的钱，职位竞争相当激烈。

邓肯在记录中发现，7 名年龄在 19—28 岁之间的年轻男子，在飞往斯匹兹卑尔根的航班上感染了严重流感，他们抵达后不久死亡，这些人在 1918 年

10 月 27 日被埋葬在斯匹兹卑尔根朗伊尔城的墓地[83]。邓肯获得了挖掘尸体和收集组织样本的所有必要许可，她组建的国际团队有地质学家、考古学家、法医病理学家、医生和流感科学家，其中包括我和世界卫生组织网络其他高级流感病毒学家[84]。组织如此复杂的探险组织需要很长时间，从 1992 年开始筹划到 1998 年开始挖掘，一共花费了 6 年时间。

最初的问题是墓地的十字架是否标志着矿工的实际坟墓，第二次世界大战期间该镇遭受了大规模轰炸，大部分建筑物都被摧毁。为了搜索埋葬地点，邓肯的团队使用地面穿透雷达探测所有信号及其深度，在所有 7 个标记的坟墓之下两米都发现了信号。由于在深至 0.8 ～ 1 米的永久冻土中，每年夏天活动层发生融化并重新冻结，这些结果显示了，尸体已经在原地冻结了 79 年。

如果我们确实发现了含有该病毒的永久性冷冻组织，这就引发了一个严重的问题，即 1918 年流感病毒是否会被释放。虽然科学家们都认为这种情况极不可能发生，但没有人能保证这不会发生。本已很复杂的探险，现在不得不考虑生物安全和生物安保措施，以保护所有人员和环境。

教堂墓地工作区完全由一个配有化学和去污淋浴的充气移动手术室覆盖，每个人都穿戴口罩和防护服。隆雅市本地人看着几个冰柜和一个装满各种设备的集装箱被拖到山坡上的时候，无疑都认为我们是一群疯狂的科学家（图 14-1）[85]。

▲ 图 14-1　位于挪威海岸斯匹兹卑尔根岛的朗伊尔城墓地挖掘现场，7 名死于 1918 年大流感的年轻人被埋在永久冻土中

另外，作为附加预防措施，我们手头都预备有抗流感药物达菲，以防在组织采集过程中接触到病毒。挖掘者一开始就挖破了第一口棺材，与计划好的安全措施一致，我们立即给他用了药物——达菲，第二天早上，他抱怨感到严重的胃痛和恶心。从棺材里放出了什么？这似乎极不可能，他很快就恢复了正常。

在这件事情上，我们所有的周密计划和安全措施后来都被证明是相当没有必要的。事实上，这7个棺材被埋在永久冻土活动层很浅的坟墓中，并且在79年中被反复冰冻又解冻。尸体剩下的只有男性骨骼、脑组织和骨髓，对后二者的分析没有能给出我们寻找的遗传信息。有些尸体被报纸包裹起来，上面的日期与埋葬日期一致，地面穿透式雷达似乎不是探测到了木质棺材和残骸，在2米处的信号可能是掘墓人用爆破粉来松开永久冻土层而造成的。

虽然这次大费周折的斯匹兹卑尔根探险一无所获，但是陶本伯格很快就收到了他急需的样品，来自一个完全出乎意料的渠道。他在发表了关于1918年流感病毒部分基因序列论文之后，收到了来自旧金山退休医生约翰·赫尔丁（Johan Hultin）的一封信，询问他是否愿意接受被埋葬在阿拉斯加永久冻土中的1918年流感罹难者组织。陶本伯格无法相信这样的好运气，当赫尔丁邀请他下周就去阿拉斯加取这些材料时，他非常高兴。

据说，赫尔丁与陶本伯格都有着相似的驱动激情，就是要了解为什么1918年大流感如此迅速地杀死了这么多年轻人。46年前，在艾奥瓦州立大学读研究生时，赫尔丁参加了一次远征阿拉斯加分离1918年流感病毒的行动。早在1951年6月，赫尔丁、罗伯特·麦基（Robert McKee）和杰克·林顿（Jack Layton）这些都来自艾奥瓦州的科学家飞往阿拉斯加，与阿拉斯加大学的古生物学家奥托·吉斯特（Otto Geist）一起，在苏厄德半岛（Seward Peninsula）的布瑞维格米申（Brevig Mission）挖掘尸体，从埋在永久冻土深处的1918年罹难者中收集了肺部样本。这些样本在冷冻条件下被运回大学，当时赫尔丁确信他们能成功分离出流感病毒，但事实并非如此，这支团队在尝试用鸡胚培育病毒的实验全部失败了（图 14-2）。[86]

1918 年大流感在这个因纽特人的渔村暴发正是一个典型例子，说明了当时流感在一个与外界隔离的社区中是多么致命。赫尔丁告诉我，在 1918 年 11 月的阿拉斯加，凡是有流感病例的船只都被实施隔离，甚至没有任何已知病例的邮船只能停靠在诺姆（Nome）卸下邮件。但是，船上某个人当时一定处于流感发展早期阶段，因为有个驾着狗拉雪橇的人在前往布瑞维格米申 100 公里的途中被发现昏迷，后来死于严重流感。他把这种恶魔病毒带到了这一地区，在布瑞维格米申 80 人中有 72 人死亡。幸存者大多是儿童，有报道称，在当地人家中发现了活着的孩子，饥饿的狗已经开始啃食死去的父母（图 14-3）[87]。

1997 年，赫尔丁仍然确切地记得在布瑞维格米申一个乱葬坑中发现尸体的位置，他同意为陶本伯格取样，1 周后，他带上了妻子的修枝剪（他唯一的装备）飞往阿拉斯加。他见到了村里的女族长，她也知道赫尔丁以前挖

◀ 图 14-2　约翰·赫尔丁从布瑞维格米申获得了样本，使杰弗里·陶本伯格获得了 1918 年流感病毒的完整序列

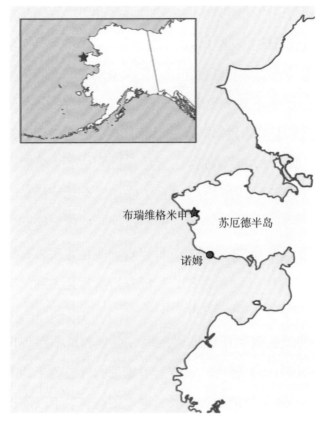

◀ 图 14-3　显示地图上布瑞维格米申和诺姆在阿拉斯加的位置

1918 年 11 月 10 日，雪橇犬将流感病毒引入该地区。5 天后，布瑞维格米申的 80 名居民中有 72 人死亡，孩子们幸存下来

过尸体，然后去见了市长并获准重新进入乱葬坑，村里有 4 名年轻人帮忙挖掘。

　　他们在永久冻土层中挖了 2 米深，并如预期找到了尸体。其中有一名叫露西的 25 岁左右女性，在收集了冷冻较好充满血液的以及保存不好的肺部组织样品后，将所有样品放置在可杀死流感病毒但保留遗传物质的溶液（硫氰酸胍）中。在关闭坟墓后，赫尔丁建造了高 3.3 米和高 2.1 米的两个十字架，用以标记坟墓并表达对被埋葬的人的敬意。在返回旧金山后，为安全保险起见，他将样品分到几个隔热箱中分别寄送：一个由联邦快递寄送，一个由美国邮政寄送，一个由联合包裹服务寄送。陶本伯格最后收到了所有寄件，这些样品给他的小组提供了完成 1918 年流感病毒完整基因序列所需的全部材料[88]。

我们不可避免地会比较布瑞维格米申的成功探险和斯匹兹卑尔根的不成功探险。在任何研究项目中，都需要有一定的运气，在一开始，两次探险都有相同的期许。布瑞维格米申的尸体埋在永久冻土深处，而斯匹兹卑尔根的尸体却没有。也许，斯匹兹卑尔根探险队得到最有用的信息就是，空腹服用达菲可能会导致严重胃痛！

那么，发现 1918 年流感病毒的完整遗传序列就能给出致命病毒的所有答案吗？不幸的是，答案是否定的，病毒遗传密码本身还不足以回答这个问题。

第 15 章

复活 1918 年的流感病毒
Resurrecting the 1918 Spanish Influenza

约翰·赫尔所提供 1918 年 11 月在阿拉斯加布瑞维格米申死于流感大流行的女性肺部组织样品中，确定了 1918 年流感病毒的完整遗传密码[89]。虽然有可能从 1918 年的病毒遗传密码中推断出它的一些特征，例如它与其他流感病毒的关系，但是，它如何能传播得如此之快而且如此致命，为何更容易杀死年轻人而不是儿童和老人的秘密仍不为人所知。为了获得这些信息，是否有必要从遗传密码所定义的信息中重构 1918 年的流感病毒？陶本伯格团队的这项工作将复活有史以来最致命的传染病病原体之一，必然会引起极大争议（图 15-1）。

公共卫生界立即做出了反应，之前有一批传染病工作人员就曾主张对 1918 年的流感病毒的遗传密码不应公开发表，因为它提供了重建病毒用作生物恐怖或生物战的蓝本，其毒性已被第一次世界大战结束时德国军队的崩溃所证明。另一个风险是，病毒存在通过感染某个实验室工作人员或因实验室污染而被释放出来的。

在成果发表之前，文章作者和美国卫生与公共服务部咨询委员会仔细考虑了这些问题（由于这属于国家安全问题，许可必须来自美国政府）。美国国家生物安全科学顾问委员会（NSABB）的咨询委员会由一个涵盖了来自生物科学、公共卫生、生物安保、执法、国家安全和生物安全的专家组构成。委员会在权衡了对病毒遗传密码知识可能被滥用的风险与传播这一信息对预防

▲ 图 15-1　杰弗里·陶本伯格从放射自显影胶片中读取 1918 年的流感病毒的基因序列

流感大流行的益处之后，委员会一致同意发表研究结果。

　　同样，在充分考虑重建 1918 年的流感病毒的利弊后，科学界（包括 NSABB）决定由受过培训和可以信任的科学家在高安全级别实验室重建病毒。简单地说，重建病毒将会揭示它为何非常致命，这些信息对于公共卫生如何防御与应对未来潜在致命流感病毒至关重要。

　　疫苗随时可用以保护涉及相关工作的科学家，至少可以开发出有一种药物被用于应急治疗。位于亚特兰大的疾病预防控制中心为开展这项工作而制定了严格具体的指导方针，以保护病毒研究人员并确保病毒处于控制之中。研究人员必须穿戴具有空气过滤系统的呼吸器和防护服；未经过滤或高压灭菌的材料不得离开实验室，包括所有废气、废物和废水；离开实验室人员首先要进行化学淋浴冲洗，然后脱掉已清洗的防护装备，再进行彻底的擦洗淋浴。

　　两种 1918 年的流感病毒被制备了出来，一种是包含 1918 年的流感病毒所有完整 8 个基因片段的原始病毒；另一种是不同的杂交病毒，每种杂交病毒中含有一个 1918 年的流感病毒片段和 7 个低致病性 H1N1 流感病毒片段。测试了所有病毒在小鼠和雪貂中的繁殖能力，它们都产生了高水平的病毒数量，并导致测试动物高热和死亡。

实验结果清晰表明，1918 年的流感病毒的 8 个基因片段中任何一个都能将温和的病毒变为更致病的病毒，最致命的病毒包含来自 1918 年的流感病毒的所有 8 个基因片段[90]。1918 年的流感病毒的每一个基因片段都具有明显毒性，它们组合在一起后再现了 1918 年的超级病毒。为了确定小鼠和雪貂的结果是否适用于灵长类动物，河冈义裕的研究小组在同样严格的生物安全条件下，独立重建了 1918 年流感病毒并用其感染短尾猿（食蟹猴，*Macaca fasciculris*），每只动物由于严重疾病而不得不在感染后 8 天被处死[91]。在此次实验中，病毒在猴子呼吸道（鼻、喉咙和肺部）中生长到很高的水平，但没有扩散到身体的其余部分。

这项研究证实了我们关于流感病毒来自禽类储存库的假说，遗传密码表明，1918 年流感病毒的每一个组分都来源于一株古老的禽流感 H1N1 流感病毒，这株病毒与目前 H1N1 流感病毒明显不同[92]。1918 年流感病毒引起的疾病严重程度正是由于病毒组分的综合因素导致，这些组成攻击了宿主防御系统的多个部分。

机体对像流感病毒这样的感染因子具有许多道防线，涉及对入侵者发动攻击的免疫细胞（白细胞）。第一道防线是用于杀死入侵者的一系列化学物质，首当其冲是干扰素，它们是干扰病毒复制的一大类细胞因子化学物质，进一步激活免疫反应并促进破坏被病毒感染宿主细胞。具体而言，它们能够抑制宿主细胞生产蛋白质、RNA（流感病毒的遗传物质）和病毒颗粒，还诱导数百种其他蛋白质产生，其中一些蛋白质参与进一步诱导免疫应答。正如我们在第 2 章中所提到的，流感感染相关的肌肉疼痛是由这些化学物质所引起，如果这些化学物质过量生成将会有极大的毒性。

接下来，身体开始产生与入侵者表面紧密结合的抗体，这些抗体与生成的许多化学物质一起，使得保护性清道夫细胞（巨噬细胞）更容易吞噬和破坏入侵者。有效数量抗体的产生需要花费 3 ～ 5 天时间，这也就解释了为什么人体需要这么长时间才能从轻微流感中恢复健康。在第一次遇到特定流感病毒之后，身体会一直记住如何制造相应抗体，这被称为"免疫记忆"。1918 年流感病毒感染幸存者再次遭遇大约 60 年后 1977 年的 H1N1 流感病毒，以及 91 年后感染 2009 年的 H1N1 流感病毒时，他们的免疫系统能够迅速地作出反应。

为什么有这么多人被 1918 年流感病毒杀死呢？研究表明，病毒在被感染动物中可以增殖到非常高的数量水平（在小鼠中比其他 H1N1 病毒高 100 倍），在人的肺组织培养细胞中生长得非常好。高水平的病毒数量对排列在呼吸道内的细胞造成了广泛的破坏，这些细胞能产生表面活性剂和抗病毒化学物质；也导致了身体产生"细胞因子风暴"，大量释放的细胞因子对病毒有毒性，但对身体也有毒性。因此，感染了 1918 年流感病毒的人死于高病毒载量和体内高水平保护性但有毒的化学物质。患者的肺部充满液体，导致皮肤因缺氧而变蓝，最终窒息而亡。

研究人员发现，当某些 1918 年流感病毒组分存在时，温和的病毒株会转变为致命的病毒株，这些组分是血凝素、神经氨酸（苷）酶、PB1 聚合酶和非结构蛋白（NS1）。我们仍然没有完全理解它们的组合效应使得 1918 年流感病毒如此致命的原因，但是了解到一小段编码非结构蛋白 NS1 蛋白和一小段用于编码 PB1 聚合酶基因的 PB1-F2 蛋白以某种方式阻断了宿主的抗病毒反应 [93]，降低了宿主产生干扰素的能力。总的来说，1918 年流感病毒像是一个公路杀手，如同赛车的安全装置（脚制动器、手制动器、安全气囊）失控或失效，速度不受控制地增加，结果就是不可避免的致命撞车。

另一方面，我们尚不了解 1918 年流感病毒为何杀死超过一半的人都是在 20—40 岁年龄组，这导致了 W 形的死亡率曲线；而对于季节性流感，儿童和老年人最易受到伤害，因而形成 U 形曲线（图 15-2）。我的个人观点是，人在年富力强的时候，身体对攻击的反应更加迅速有力，所以，死亡原因是高水平数量的破坏性病毒和身体产生高水平抗病毒的毒性化学物质。另一个观点是，1918 年死去的 20—40 岁年龄段的人曾在儿童时期（1890—1991 年）感染了 H3Nx 流感病毒，当他们再接触 1918 年流感病毒相同的表位时，免疫系统进入超速状态，导致了细胞因子风暴而死亡[94]。我希望这个观点不成立，因为它对于正在深入研发中的广谱流感疫苗来说，并不是个好兆头。

在 1918 年流感病毒最初攻击中幸免于难的人，许多人都死于细菌性肺炎。由于当时没有抗生素，细菌感染导致的死亡人数占很大部分。在 1918 年时，人们认为流感是由一种叫作流感嗜血杆菌的细菌所引起（见第 1 章），但

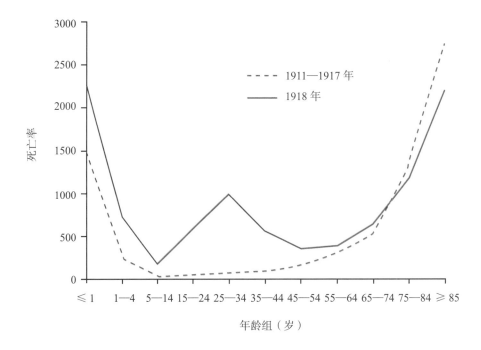

▲ 图 15-2　1918 年大流感的 W 形死亡率曲线

1918 年大流感与之前和之后的流感大流行不同，它杀死了更多数量 25—34 岁年龄组的人（转载自 R. D. Grove and A.M.Hetzel, Vital Statistics Rates in the United States: 1940–60. Washington: US Government Printing Office, 1968; and F. E. Linder and R. D. Grove, Vital Statistics Rates in the United States: 1900–1940. Washington: US Government Printing Office, 1943）

随后的研究表明，病原体是一种病毒。1918 年流感病毒和细菌的联合感染被证明是致命的，因为病毒操纵和抑制了身体的防御，使得细菌性肺炎肆虐而不受控制。

对于 1918 年流感病毒的存活与某些神经系统疾病有关，目前有相当大的争议。1918 流感大流行之后，帕金森病和"昏睡病"（脑炎）的发病率增加，1982 年的科学文献报道了这些病症与流感病毒感染之间的联系 [95]。但是，重建的 1918 年流感病毒在小鼠、雪貂和猴子中进行的许多实验都表明，病毒只是感染呼吸道，并没有证据显示病毒通过血液传播到其他器官，也包括大脑 [96]。

尽管如此，我还要补充一点，老鼠、雪貂和猴子不是人类，与 1918 年被流感感染的千百万人相比，只有相对很少数量的动物被测试过。我推测在很少数量的人类中，流感病毒确实扩散到大脑并导致后来的神经系统疾病，而人类之间的相关遗传差异尚不完全清楚。我们知道一些 H5N1 病毒株可以扩散到小鼠大脑中，这些小鼠大脑显示出的变化与人类帕金森病相关的大脑变化几乎相同 [97]。这种效应可能确实能够解释伍德罗·威尔逊总统的行为，这位总统在巴黎和会谈判期间感染了 1918 年的致命的流感病毒，遭受了严重的精神问题，最终屈服于法国的要求，去羞辱和摧毁德国。

我们通过重建 1918 年流感病毒获得了许多发现，也知道还有很多研究要去做。我们需要研发抑制这些病毒增殖、迅速传播和操纵身体防御功能的药物，还需要开发防止身体过度产生保护性却有毒性化学物质的策略。

一块从包埋了受感染士兵肺组织的石蜡块，一份掩埋在阿拉斯加永久冻土中感染者的肺组织，分别蕴藏着 1918 年流感病毒基因组小碎片，最终阐明了 1918 年流感病毒的遗传密码，这是科学侦探的杰作！杰弗里·陶本伯格及其团队的这项工作，就像一本小说，从被丢进碎纸机的多个副本中拼凑出来，重叠的"文字"片段被梳理出来，直到重叠的"句子"被重现出来。这项庞大的解码任务耗时 9 年，为理解 1918 年流感病毒的致命性提供了钥匙 [98]。

打开潘多拉盒子
Opening Pandora's Box

　　复活 1918 年流感病毒的工作表明，科学家现在已经拥有了我们曾经无法想象的力量。我们可以改变病毒的 RNA 以使病毒增殖，或者将非致病性流感病毒（如来自候鸟的病毒）变成一种具有传播性和致命性病毒。但是，我们应该这样做吗？这岂不类似于打开了潘多拉盒子放出恶魔？

　　1918 年的流感病毒被认为是人类历史上最致命的病毒之一，至少感染了全球 30% 的人类，可能造成其中 5% 的人死亡。在这次大流行高峰期，全世界城市都在一边试图努力应对、一边收敛埋葬死者。那么，假设如果前面章节中描述的 2 种禽流感中任何一种产生了人传人的能力，将可能会发生什么事情？其中，H5N1 杀死大约 60% 的感染者，H7N9 杀死大约 30% 的感染者。

　　在第一种禽流感病毒 H5N1 首次在中国香港地区被检测到的 20 年之后，它仍然存在于中国、越南、印度尼西亚、柬埔寨、孟加拉国和埃及的家禽中，并且主要通过活禽市场定期传播给人类而导致零星暴发。第二种禽流感病毒 H7N9 于 2013 年首次在上海被发现，它仍然在中国存在。在写这本书期间的统计数据显示，H5N1 感染了 859 人，其中 453 人死亡；H7N9 感染了 1532 人，其中 581 人死亡。H7N9 可能比 H5N1 更有可能获得人传人的能力，幸运的是，到目前为止它还未能如此。

　　人的高死亡率问题难以解释，因为很多人在家禽业工作而没有明显被感染。那么，关键问题是，是否有些人特别容易感染禽流感病毒。人群中是否有一部分具有遗传易感性？这个问题还未被回答，但随着越来越多的人类基因组分析工作开展，答案可能很快就会出现。我相信将会发现那些在遗传上对禽流感更易感的人，然而不断变异和重配的流感病毒可能会绕过每个人的防御机制，然后，大多数人就会像在 1918 年那样变得易感。

然而，对于禽流感病毒及其不能人传人的自满情绪正在抬头。"既然 20 年里都没有发生，那么它就不可能发生"，这是一种普遍态度。一些科学家还提出，在已知的流感史中只有 3 种亚型流感病毒，H1、H2 和 H3 引起了人类流感大流行，并且似乎都是这 3 组流感病毒循环往复，所以，我们不必担心任何其他流感病毒。

出于对这些科学家自满情绪的担心，2006 年，美国国立卫生研究院流感研究蓝丝带小组和世界卫生组织流感研究议程启动了一项 H5N1 病毒是否能够获得人传人能力的项目。这项研究意味着定向改造病毒使它能够从动物传播到动物，被称为功能获得实验，具体目标是制造一种可以在分开的笼子里的雪貂之间传播的 H5N1 流感病毒。

2 组科学家开始这项工作，一组是在荷兰鹿特丹伊拉斯姆斯医疗中心（Erasmus Medical Centre in Rotterdam）的罗恩·傅希业（Ron Fouchier）领导的团队；另一组是在美国威斯康星大学河冈义裕（Yoshihiro Kawaoka）领导的团队。傅希业小组改造的是 2005 年从印度尼西亚一名受感染人体内分离的 H5N1 禽流感病毒，他们首先通过被称为定点诱变的过程造成了病毒 RNA 的改变，改变了遗传密码的病毒在哺乳动物中增殖。然后，通过雪貂鼻腔感染流感病毒。在病毒感染后的第四天，他们用来自第一个雪貂的病毒直接接触感染第二个雪貂，并将该过程重复 10 次（称为传代）。最后，由此产生的流感病毒，通过气溶胶在不同的笼子中雪貂之间传播。

同时，河冈小组用的是从 2004 年越南一名受感染人体内分离的 H5N1 流感病毒的血凝素和来自 2009 年人类大流行 H1N1 病毒 7 个基因片段的杂交病毒。他们首先在编码 H5 组分的遗传片段中引入随机突变，最后，改造完成杂交病毒，并通过鼻腔成功感染了雪貂。这种病毒也被证明可以通过气溶胶在不同的笼子中雪貂之间传播。

这些研究中的每一项工作都是在高级别安全设施中进行的，这些设施都遵循了复活1918年流感病毒的工作所要求同样严格的指导方针和安全防护措施，参与这项工作的科学家同样也接种了H5N1流感病毒疫苗，并穿戴了全套防护装备。

这两项研究清楚地表明，H5N1流感病毒可以获得在雪貂之间传播的能力，并极有可能人传人。研究还表明了，少数几个变化，甚至可能少到只需5个变化，就可以使病毒传播开来。研究结果很明显，通过改变禽流感病毒H5N1遗传密码或混合来自不同病毒基因产生杂交病毒，都能实现改造病毒的传播能力。

这些信息揭示了大自然如何产生大流行性流感病毒，高致命的1918年流感病毒可能是在第一次世界大战期间通过接触化学武器而产生。或许，致命的芥子气造成了原始病毒的关键突变，战壕中高密度的军队为突变病毒传播提供了现场，正如傅希业小组对突变病毒在雪貂模型中进行10次传代，模拟人与人之间的反复传播。

1918年流感病毒可能涉及一株原始禽流感病毒传播到人类，其后包括1957年的亚洲H2N2大流行、1968年的中国香港地区H3N2大流行和2009年的H1N1大流行，所有这些都包含来自禽类的新型血凝素和神经氨酸（苷）酶，但保留了一些1918年流感病毒基因片段的杂交病毒。河冈小组用不同基因片段的H5N1杂交病毒，模拟这些流感大流行的病毒。

当科学界获知在雪貂中传播的H5N1流感病毒产生时，暴发了激烈的争论。2011年9月12日，那天是周一，我在马耳他科学家第四次欧洲流感会议上与傅希业共进早餐。在用餐期间，他告诉了我这个非常吸引人的结果，并说他会在那天上午的主题演讲中介绍。我意识到这些发现会产生巨大影响，我记得当时与获得诺贝尔奖者的免疫学家彼得·杜赫提（Peter Doherty）坐在一起，和他说公众会指责科学家打开了潘多拉盒子（图 16-1）。

　　不幸的是，有些人从傅希业的介绍中得出了这样的想法：H5N1 病毒不仅从雪貂传播到雪貂，而且杀死了雪貂，这是不正确的。在另一项独立项研究中，当 H5N1 病毒被直接注入雪貂的气管时，雪貂也被杀死了。但是，听众中情绪激动的科学记者将这种可传播性与死亡联系在了一起，大大提高了公众对产生这种致命病毒的关注程度，导致了各大报刊发表文章称科学家正在用生物工程制造生物恐怖主义制剂，这场激烈的争论正在加剧。

　　河冈小组关于在雪貂中传播的 H5N1 流感病毒研究结果在提交科学期刊准备发表后，消息也被发布到了公众之中，研究证实了傅希业小组的工作，只需要少数血凝素组分变化，就可以产生雪貂之间传播的 H5N1 流感病毒。河冈小组还提出，H5N1 传播能力所需的变化已经存在于家禽和人类各种致

◀ 图 16-1　打开潘多拉盒子
孟菲斯圣裘德儿童研究医院生物医学交流部伊丽莎白·史蒂文斯（Elizabeth Stevens）制作的漫画

125

病的 H5N1 病毒中，但并非所有的变化都存在于同一种病毒。有个问题一直存在到今天，大自然什么时候会将这 5 个变化精心安排在一株病毒中？虽然这些研究引起公众对生物恐怖主义和杀手病毒意外逃逸的合理担忧，但是也提醒了世界，只要这些禽流感病毒仍在流行，迟早大自然就会伸出致命之手。

这两项研究提出了需要科学界思考的重要问题，开展这些研究是否恰当，能否任由这些发现发表。为了回应公众的强烈抗议，2011 年，从事流感病毒工作的科学家号召自愿暂停所有的病毒功能获得研究，这些研究工作被认为是"令人担心的双重用途研究"。一方面，改造 H5N1 病毒的传播能力的研究对病毒认知有明显益处，例如，我们加深了病毒在人间传播并引起大流行可能性的理解，而且，对于疫苗和抗病毒药物的开发非常重要。但另一方面，这些研究引起了人们对 H5N1 病毒意外释放及其作为生物恐怖制剂罪恶用途可能性的严重关切。争论的结果是，不应公布生成这种可怕制剂的蓝图。

这对于美国国家生物安全科学顾问委员会来说是一个艰难时刻，他们要决定是否发布傅希业和河冈小组的科学论文。在双方都强烈游说后，委员会首先错误地站在了保守的一方，提出在去除关于实验方法的关键信息之后才能发表；但经过多次会议和磋商后，最终论文全文发表在顶级期刊，傅希业小组的报道发表于 *Science*[99]，河冈小组的报道发表于 *Nature*[100]。报道的论文中强调了高级别的生物安全和生物安保措施，以及含有危险组分的 H5N1 流感病毒已在世界不同地方流行的事实，而最大的威胁来源于大自然。

这些论文发表后，升级的生物安全预防措施被强制实施，2013 年自愿暂停功能获得研究被重新允许。更多描述增强流感病毒生物活性（功能获得）实验的科学论文被发表，引起了更多是否应该永久禁止开展类似 H5N1 病毒进行实验的讨论。其后，位于亚特兰大的疾病预防控制中心发生了 2 次严重生物安全违规行为，一次涉及炭疽孢子泄漏，另一次涉及被 H5N1 病毒污染的流感病毒培养物送往另一家实验室，这些事件给新闻媒体和公共卫生科学家敲响了警钟。虽然这些事件都没有导致人类感染或病原体传播，但却作为警示，提醒我们需要加强安全级别控制。

这些突发事件表明，即使是生物安全和生物安保监管机构也可能犯错，而且设立多重安全级别是必要的。一个由 18 位一流科学家组成的剑桥工作组呼吁，立即停止所有功能获得研究，并彻底检查类似 H5N1 流感病毒的危险感染源（即选定病原体）所有方面的控制和法规。美国国立卫生研究院立即重新暂停了功能获取研究，白宫科技政策办公室要求国家科学院、美国工程院与美国医学科学院和国家生物安全科学顾问委员会进行全面考虑。

这些机构的任务是，组织科学家和公众之间对关于功能获得研究风险和益处进行了 2 次公开讨论。参会者将充分讨论这个问题，并对未来发展方向提出建议。基于这个问题的全球重要性意义，来自世界各地的主要科学组织都参与其中，我参加了 2 次研讨会。第一次在 2014 年 12 月，第二次在 2016 年 3 月，整个过程非常全面和详细，来自许多国家的参会者正在进行的生物学研究可能会使致病因子获得功能而引起疾病。

值得一提的是"功能获得"这一术语，通常被认为只涉及对社会具有高风险的功能，例如，就病毒而言是人传人的能力。这一术语也指生产流感疫苗所需要非常理想的功能，例如，当最初流感病毒被从人体中分离出来时，通常在鸡胚中的生长效果不佳，为了使病毒增殖达到大规模疫苗生产所需水平，首先，制造一种包含已知安全、高产量基因片段的杂交病毒疫苗株。然后，在鸡胚中对该杂交病毒进行"传代"产生更多病毒，这些研究显然涉及功能获得但不产生风险。问题在于"令人担心的双重用途研究"的功能获得，既有科学上的益处又有公共卫生风险。

2017 年 12 月 19 日，美国国立卫生研究院又解除了 2014 年 10 月暂停的流感、SARS 和中东呼吸综合征的功能获得相关实验，并且还提供了关于国家生物安全科学顾问委员会申请功能获得研究的评估和监督建议。任何一项研究开始前，必须经过确定是否属于"令人担心的双重用途研究"类别，涉及 3 个阶段的严格评估和审查。如果发现该研究的确令人担心，将进入最后一个专家组考核，研究是否符合风险控制所有指导原则，只有全部符合研究才能获得批准，即使这样也必须经过国家审查。尽管这一原则适用于由美国政府资助的所有研究项目，但并不适用于私人或其他国家资助的研究项目，希望国际社会和国际组织能够发起制定类似指导原则。

这些多层次审查可以最大限度降低风险，无论如何，生活中没有任何事情是完全无风险的。科学家在处理此类问题时须确保自己遵守指导原则，不走捷径并建立彼此监督的伙伴工作系统。2001 年 9 月 18 日，美国新闻办公室和两名美国参议员收到炭疽孢子邮件，并造成了 5 人死亡和 17 人受伤，至今尚未清楚寄件人。德特里克堡生物防御实验室工作的一位科学家受到怀疑并于 2008 年 7 月自杀，其作案动机也未明了，但却充分说明了伙伴工作系统将会降低类似风险。

也许，风险降低至接近零的唯一方法，就是建议无限期地暂停这类功能获得研究。读者可能会同意这个解决问题的方法。实际上，即使这样也不能完全消除风险。潘多拉盒子已经被打开，世界上的每一个科学家并非都遵守美国科学机构原则。

此外，大自然正在尽最大努力让我们保持对第二种禽流感（H7N9）在中国传播的关注。自 2013 年第一个病例被报告以来，已有 1000 多例人类感染报告，大约 30% 的感染者已死亡。2018 年，H7N9 流感疫苗的使用，大大减少了人类病例数量以及降低了家禽发病率。到目前为止，这种病毒还没有传播到中国以外的其他地方，也许是因为它不存在于家养的和野生的鸭中。然而，只要亚洲 H5Nx 和 H7Nx 病毒继续传播，它们就会对动物和人类健康构成威胁。为了制备新药和更好的疫苗，迫切需要开展更多研究工作，我们要实现这些目标，必须继续进行功能获得研究，并完全遵守指导原则。

放眼未来：我们准备好了吗
Looking to the Future: Are We Better Prepared?

第17章

当我们审视过去一百年中流感大流行、流行病和控制策略时，在我脑海里最重要的问题是，1918 年大流感那样对人类社会如此致命和破坏性影响的另一次流感大流行可能发生吗？答案是肯定的，不仅仅是可能的，而且只是时间问题。

第二种禽流感病毒 H7N9 仍然在家禽中传播，将继续成为流感大流行的威胁，在写这本书的时候这一点是显然的。假设 H7N9 获得了人传人的能力而且保留对人类的致命特征，这将导致 30% 或更高的死亡率。我们是否在应对这样的事件上做好了准备？尽管比 1918 年时要好，但仍不够好。

应对挑战的亟须战略如下。

1. 给予神经氨酸（苷）酶（N）抑制剂抗流感储备药物。如前所述，为发挥药效，患者必须在感染后 2 ～ 3 天之内给药。

2. 接种疫苗以保护人群抵御病毒。不幸的是，任何针对 H7N9 制备和储备的疫苗都可能已经失效，因为所有病毒都在不断变化。这些疫苗可能预防死亡，不能避免感染，必须尽快研制新的 H7N9 疫苗。

3. 使用通用抗流感储备抗体。这个抗体仍处于开发实验阶段，能保护动物免受所有已知流感病毒侵害，最重要的是，在患者感染后这种保护作用比神经氨酸（苷）酶类药物持续的时间更长。获得足够抗体储备将是一项庞大任务，但是必须予以考虑。

4.接种通用流感疫苗给全球人类。一旦通用流感疫苗经过全面安全测试，这将是最好的策略。但是，直到将来某时，也许是10年或更长时间才可行，因为人类通用疫苗测试刚刚启动。

我们肯定能够比在1918年时更好地应对流感大流行，但是能否比2009年时应对相对温和的H1N1流感大流行（当时近30万人死亡）做得更好？对照现实表明，我们只是多了一些准备而已，现在仍然无法阻止一次流感大流行，在能控制或改变它的影响之前，千百万人将会死亡。

流感大流行可能在哪里出现呢？ 20世纪90年代中期以来，流感在包括猪和家禽在内的中间宿主越来越频繁地出现。最受关注的病毒是H2、H5、H7和H9亚型，H2组在1957—1968年间引起过一次人类流感大流行；H5、H7和H9流感病毒已周期性地传播到人类并导致疾病，但尚未引起大流行；H5N1病毒已在许多国家的家禽中流行，包括中国、印度尼西亚、越南、孟加拉国和埃及。值得注意的是，H5组高致病性流感病毒在20世纪90年代中期以前从未在人类中报道过，而现在它们每年都在几个国家的人类中被发现。

可以说，猪和家禽中流感发生率的明显增加，实际上是由于更严密的监测所致。确实，20世纪90年代中期以来，这些动物中的流感监测范围扩大，但这并不是发生率增加的唯一原因。另一个原因是，随着世界人口的增加，全球的鸭、鸡和猪（流感的中间宿主）数量增长，以满足人类对蛋白质日益增长需求。联合国粮食及农业组织估计，1961—2013年，全球鸡的数量增加了6倍多，家鸭的数量增加了5倍，猪的数量增加了1倍以上，人口数量也增加了1倍。高致病性H5N1、H7N9和低致病性H7N9、H9N2在活禽市场中持续存在，并周期性地传播给人类，这一事实仍然令人担忧。

由于我们知道流感大流行起源于世界水生鸟类储存库，病毒通过活禽市场或猪传播给人类，因此尝试阻断传播源是合理的，预防似乎才是最好的策略。中国香港地区在1997年关闭了所有活禽市场，立即就阻断了H5N1到人类的传播。活禽市场重新开放后，病毒又回来了。上海在2013年发生了第二次禽流感（H7N9），人类病例数量在活禽市场关闭后也同样迅速下降。

从公共卫生的角度来看，永久性关闭全球活禽市场具有积极作用。当任何一种禽流感病毒（H2、H5、H7、H9）获得人传人能力后，再这样做就太晚了。但是，许多国家高度依赖这些市场，在家庭制冷有限的国家，这样做会给国家带来问题；而在传统上，活禽市场是消费者获取新鲜肉类最安全的方式。

但是，香港的经验说明了情况也会随着时间而改变，在那里，活禽市场的数量已从 1997 年的 1000 多个减少到 2017 年的 132 个，人们不再完全依赖这些市场。虽然香港社会的老年人坚信现宰鸡肉的味道比冷冻鸡肉好得多，但是年轻一代正在转向冷藏或冷冻鸡肉的消费习惯。一个目标，是鼓励其他国家减少对活禽市场的依赖；另一个目标，是鼓励中美等这些替代食物丰富的国家开始致力于永久性关闭活禽市场。

另一种有助于防止流感病毒传播到人类的方法，是培育对流感具有抵抗力的家禽和猪。我们知道一些动物（如绵羊）和一些鸭的品种（如野鸭）具有天然抵抗力。在第 11 章中，我们看到那些鸭在感染 H5N1 禽流感病毒时没有出现任何疾病，然而这种禽流感却会杀死所有被感染的鸡和火鸡。

我们现在已经知道，在丛林鸡到家养鸡的演化过程中，抵御流感第一道防线的干扰素基因已经丢失了，而所有的鸭都有这个基因。如果我们将这种鸭的基因（RIG–I）转移到鸡中，那么鸡可能也就不会被 H5N1 病毒杀死。当然，这样做的消极面是，鸡也许会成为流感传播最大的特洛伊木马，一种无迹可寻的病毒载体！

干扰素基因只是众多保护基因之一，更好的策略是使鸡和猪能完全抵抗流感。由于我们已经清楚了绵羊所有能自然抵抗流感的基因，这些基因可以转移到鸡和猪身上。然而，这又引起动物基因工程和人类基因操纵的伦理问题及其风险和益处。这些决定应该留给未来，抗流感动物的可能性也属于未来。

通用流感疫苗比抗流感猪和家禽更接近实现，科学家已经发现了甲型流感病毒所有亚型都含有血凝素（H）组分共同或通用部分。在第 2 章中图 2-2 中的 H 组分在这一章用上了，棒状刺突的共同区域是茎部（头部坐在茎部的顶端，向病毒外部突出）。通用流感抗体已经被制备出来，附着于这些共同区域上，阻止所有亚型的流感病毒感染。困难之处在于，较低等动物和人类制造的绝大多数保护性抗体附着在棒的头部，只有极少数抗体是针对共同区域的。尽管科学家已成功培养了几代细胞，这些细胞产生了针对共同区域的抗体，但是细胞系却极为特殊。许多制药公司已经制备了通用流感抗体并开始销售，虽然这些抗体对治疗人类流感感染的严重病例非常有效，但是不足以能够控制快速传播的流感大流行。

我们迫切需要一种通用流感疫苗，而这仍然是一个愿景，面临的挑战就是疫苗如何诱使人体优先制造针对刺突 H 茎部的抗体。许多方法正在动物和人类中进行测试，都试图将身体的免疫反应导向这些共同区域。这些方法包括剪切刺突 H 头部替换成不同头部，而仅通过茎部区域制备疫苗，以及合成一段针对共同区域的 DNA 基因，然后设计基于 DNA 的疫苗诱导免疫反应。

这些策略中的一种或多种疫苗最终将对所有流感病毒提供保护，而接下来的挑战将是确定这些疫苗的安全性，以及没有负面作用，比如，不会使病毒更容易进入细胞。一旦达到了所有安全性和有效性目标，科学家的通用流感疫苗梦想就可能实现。

这听起来像是件旷日持久的事，但我们在 2013 年禽流感（H7N9 病毒引起）的经验显示可能不一定如此。当时，中国科学家公布了病毒完整遗传密码之后，商业公司立即根据这些遗传信息制备流感病毒血凝素和神经氨酸（苷）酶表面组分，结果，针对病毒的 DNA 疫苗在数周内就问世，这一努力成果显示了分享信息的智慧。

不幸的是，现有很少的抗流感药物可以产生重大影响。目前，我们有一个古老"堵塞药"家族（金刚烷胺和金刚乙胺），它们能将通往病毒核心的微小管道 M2 蛋白堵塞。尽管它们的确能起到作用，但是流感病毒很快就会产生抗性，所以这类药物很少被使用。更有效的是一类靶向神经氨酸（苷）酶组分的药物家族（达菲、瑞乐沙、帕拉米韦和拉尼米韦），这些药物能够阻断病毒的酶使其困在宿主细胞中而不能传播。如果一个人被病毒感染后立即服用这些药物，那么它们将非常有效，但感染大约 2 天后就没有帮助了；然而，它们是迄今我们已有最好的药物了。

T–705（法匹拉韦）和 Baloxavir marboxil（博洛昔韦、万宝喜）在治疗流感方面表现出很好的前景，药物靶向聚合酶复合物的不同组分。这 2 种新药在日本被批准用于人类，T–705 在 2014 年被批准用于奥司他韦耐药的抗病毒治疗，博洛昔韦在 2018 年 2 月被批准用于流感治疗。T–705 我们称作核苷酸类似物，看起来像是病毒基因组的组分之一，但当它被整合到病毒 RNA 中后会使其失去功能。博洛昔韦结合在 PA 蛋白中的口袋位置，阻断其在复制中的功能，单次口服剂量的该药物足以治疗人类流感感染，这使其使用起来非常方便。

这些药物中的每一种都针对流感病毒复制中的一种不同重要途径，与神经氨酸（苷）酶抑制剂达菲联合使用，可以对降低流感大流行中的病毒传播产生影响。许多其他抗流感药物也正在开发中，一套装备精良的工具包已经在线，现在的人类世界比 1918 年时要好得多。

今天，我们的另一个优势是抗生素，当时，导致 1918 年大流感死亡的细菌性肺炎，如今已经可以用抗生素治疗，肺炎球菌疫苗可以用于预防肺炎链球菌引起的感染。但仍有 2 个困难：对抗生素耐药性人群的增加，以及接种抗菌疫苗的人数量不足。老年人是特别危险的群体，应同时接种肺炎和年度流感疫苗，我本人作为其中一员，向所有同龄人强烈推荐这 2 种疫苗，经科学证实大有益处且风险极低。

我经常被问到的一个问题是，能否预测下一次的流感大流行？目前我们做不到。但是，我是一个乐观主义者。我还记得 70 年前的天气预报，它们经常报错，甚至很少正确预测到大风暴。预测人员根本没有他们需要的信息，时至今日，天气预报的精度要高得多甚至经常是正确的！

当流感的预报员能够获得相当质量和数量的信息时，我持乐观态度，他们应该能够预测到下一次的流感流行或大流行。但是我们还需要知道更多，曾有几时，我们认为找到了流感病毒的遗传密码就会带给我们答案，的确，它给了我们一些信息，但为了找到完整的答案我们不得不重建病毒。这个过程反过来又提供了有关病毒躲避人体防御机制技巧的宝贵信息，我们发现，由于 1918 年的病毒在宿主体内制造了大量的病毒，而使身体产生了保护过度的毒性化学物质，将枪口转向了自己。为了充分理解这里面所包含的机制，我们需要了解人类完整遗传密码及其与病毒之间无数途径的相互作用。当然，还涉及许多其他物种，从而增加了问题的复杂性。

虽然大流行性流感一直是本书的核心主题，但季节性流感也是一个严重的问题，累加起来的话，在全球范围内季节性流感杀死的人数要多于大流行（1918 年除外）。2017—2018 年间，英国和美国的季节性流感暴发就说明了这一点，这些暴发以 H3N2 流感病毒为主，被英国媒体称为"澳大利亚流感"。从遗传上看，这种病毒从英国和美国回溯到澳大利亚。从病原学角度来看，H3N2 病毒与上一季的病毒相似，但所引起疾病的严重程度大幅增加。在美国杀死了 100 多名儿童，被感染的患者挤满了医院。当时，推荐疫苗提供的保护作用有限（效力为 10% ~ 30%），因此，我们需要研制更好的疫苗，需要了解疾病严重程度变化如此大的原因，以及如何治疗严重病例。

我们应该清醒地认识到，在对 1918 年大流感开展将近百年的研究后，仍无法弄清楚病毒如此致命的原因，我们也没有更好地准备如何去应对即使重演的流感大流行。尽管我们在对流感病毒的理解、药物研究和疫苗开发方面取得了巨大进步，但是我们还是没有准备好。

　　这是生命科学非常激动人心的时代，我们有能力扮演上帝的角色，在病毒、动物和人类的遗传密码中引入变化，并研制更好的药物、疫苗和具有抵抗力的动物。我们如今所面临的挑战，是充分约束自己的行为来保护社会和避免犯错，而不是扼杀我们创造科学知识的能力。因为，大自然终将会像 1918 年流感病毒那样再次挑战人类，我们需要谨慎，我们需要准备。

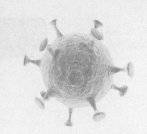

参考文献

[1] E. Jordan, *Epidemic Influenza: A survey*, Chicago: American Medical Association, 1927.

[2] A.W. Crosby Jr, *Epidemic and Peace, 1918*, Westport, Connecticut: Greenwood Press, 1976.

[3] J.M. Barry, *The Great Influenza: The epic story of the deadliest plague in history*, New York: Penguin, 2004.

[4] C.R. Byerly, *Fever of War: The influenza epidemic in the US Army during World War I*, New York: New York University Press, 2005.

[5] G.M. Richardson, 'The onset of pneumonic influenza 1918 in relation to the wartime use of mustard gas', *NZMJ 47* (1948): 4–16.

[6] A. Trilla, G. Trilla and C. Daer, 'The 1918 Spanish flu in Spain', *Clin Inf Dis 47* (2008): 668–73.

[7] J.M. Barry, *The Great Influenza: The epic story of the deadliest plague in history*, New York: Penguin Books, 2004.

[8] G.W. Rice, *Black November: The 1918 influenza pandemic in New Zealand* (2nd edn), Christchurch: Canterbury University Press, 2005.

[9] G.W. Rice, *Black November*.

[10] G.W. Rice, *Black November*.

[11] T. Kessaram, J. Stanley and M.G. Baker, 'Estimating influenza-associated mortality in New Zealand from 1990 to 2008', *Influenza Other Respir Viruses 9(1)* (2015): 14–19.

[12] N.A. Molinari, I.R. Ortega-Sanchez, M.L. Messonnier, W.W. Thompson, P.M. Wortley, E. Weintraub and C.B. Bridges, 'The annual impact of seasonal influenza in the US: Measuring disease burden and costs', *Vaccine 25(27)* (2007): 5086–96.

[13] E. Centanni and E. Savonuzzi, 'La peste aviaria I & II', *Communicazione fatta all'accademia delle scienze mediche e naturali de Ferrara,* 1901.

[14] W. Schäfer, 'Vergleichende sero-immunologische Untersuchungen über die Viren der Influenza und klassischen Geflügelpest' [Comparative sero-immunological investigations

on the viruses of influenza and classic fowl plague], *Zeitschrift für Naturforschung 10b* (1955): 81–91.

[15] J.S. Koen, 'A practical method for field diagnosis of swine disease', *Am J Vet Med 14* (1919): 468–70.

[16] R.E. Shope, 'Swine influenza. I. Experimental transmission and pathology', *J Exp Med 54* (1931): 349–59; R.E. Shope, 'Swine influenza. III. Filtration experiments and etiology', *J Exp Med 54* (1931): 373–85.

[17] D. Tyrrell, 'Discovery of influenza viruses', in K.G. Nicholson, R.G. Webster, A.J. Hay (eds), *Textbook of Influenza*, Oxford: Blackwell Science, 1998 (19–26).

[18] W. Smith and C.V. Stuart-Harris, 'Influenza infection of man from the ferret', *Lancet 228* (1936): 121–23.

[19] F.M. Burnet, 'Influenza virus on the developing egg. I. Changes associated with the development of an egg-passage strain of virus', *Br J Exp Path 17(4)* (1936): 282–93.

[20] G.K. Hirst, 'The agglutination of red cells by allantoic fluid of chick embryos infected with influenza virus', *Science 94(2427)* (1941): 22–23.

[21] G.K. Hirst, 'Adsorption of influenza hemagglutinins and virus by red blood cells', *J Exp Med 76(2)* (1942): 195–209.

[22] D. Bucher and P. Palese, 'The biologically active proteins of influenza virus: Neuraminidase', in E.D. Kilbourne (ed.), *The Influenza Viruses and Influenza*, New York: Academic Press, 1975 (83–123).

[23] T. Francis Jr., 'A new type of virus from epidemic influenza', *Science 92* (1940): 405–08.

[24] A.M.-M. Payne, 'The influenza programme of WHO', *Bull Wld Hlth Org 8(5–6)* (1953): 755–92.

[25] C.M. Chu, C.H. Andrewes and A.W. Gledhill, 'Influenza in 1948–1949', *Bull Wld Hlth Org 3* (1950): 187–214.

[26] W.B. Becker, 'The morphology of tern virus', *Virology 20* (1963): 318–27.

[27] W.G. Laver, 'From the Great Barrier Reef to a "cure" for the flu: Tall tales, but true', *Perspect Biol Med 47(4)* (2004): 590–96.

[28] J.C. Downie and W.G. Laver, 'Isolation of a type A influenza virus from an Australian pelagic bird', *Virology 51(2)* (1973): 259–69.

[29] R.G. Webster, M. Yakhno, V.S. Hinshaw, W.J. Bean and K.G. Murti, 'Intestinal influenza: Replication and characterization of influenza viruses in ducks', *Virology 84(2)* (1978): 268–78.

[30] B.C. Easterday, D.O. Trainer, B. Tůmová and H.G. Pereira, 'Evidence of infection with influenza viruses in migratory waterfowl', *Nature 219(5153)* (1968): 523–24.

[31] R.D. Slemons, D.C. Johnson, J.S. Osborn and F. Hayes, 'Type-A influenza viruses isolated from wild free-flying ducks in California', *Avian Dis 18(1)* (1974): 119–24.

[32] R.G. Webster, M. Morita, C. Pridgen and B. Tůmová, 'Ortho- and paramyxoviruses from migrating feral ducks: Characterization of a new group of influenza A viruses', *J Gen Virol 32(2)* (1976): 217–25.

[33] R.G. Webster, M. Yakhno, V.S. Hinshaw, W.J. Bean and K.G. Murti, 'Intestinal influenza: Replication and characterization of influenza viruses in ducks', *Virology 84(2)* (1978): 268–78.

[34] V.S. Hinshaw, R.G. Webster and B. Turner, 'Novel influenza A viruses isolated from Canadian feral ducks: Including strains antigenically related to swine influenza (Hsw1N1) viruses', *J Gen Virol 41(1)* (1978): 115–27.

[35] B. Harrington, *The Flight of the Red Knot*, New York/London: W.W. Norton and Co, 1996; D. Cramer, *The Narrow Edge: A tiny bird, an ancient crab and an epic journey*, New Haven, Connecticut: Yale University Press, 2015.

[36] P. Hoose, *Moonbird: A year on the wing with the great survivor B95*, New York: Farrar, Straus and Giroux, 2012.

[37] C.N. Shuster, H.J. Brockmann and R. Barlow (eds), *The American Horseshoe Crab*, Cambridge, Massachusetts/London: Harvard University Press, 2003.

[38] I.L. Graves, 'Influenza viruses in birds of the Atlantic flyway', *Avian Diseases 36* (1992): 1–10.

[39] Y. Kawaoka, T.M. Chambers, W.L. Sladen and R.G. Webster, 'Is the gene pool of influenza viruses in shorebirds and gulls different from that in wild ducks?', *Virology 163(1)* (1988): 247–50.

[40] S. Krauss, D.E. Stallknecht, N.J. Negovetich, L.J. Niles, R.J. Webby and R.G. Webster, 'Coincident ruddy turnstone migration and horseshoe crab spawning creates an ecological "hot spot" for influenza viruses', *Proc Biol Sci 277(1699)* (2010): 3373–79.

[41] Larry Niles, I.J. Niles and Associates, Rutgers University, personal communication.

[42] L. Niles, J. Burger and A. Dey, *Life Along the Delaware Bay, Cape May: Gateway to a million shorebirds*, New Brunswick: Rivergate Books (Rutgers University Press), 2012.

[43] B. Tůmová and B.C. Easterday, 'Relationship of envelope antigens of animal influenza viruses to human A2 influenza strains isolated in the years 1957–68', *Bull Wld Hlth Org 41(3)* (1969): 429–35.

[44] H.G. Pereira, B. Tůmová and R.G. Webster, 'Antigenic relationship between influenza A viruses of human and avian origins', *Nature 215(5104)* (1967): 982–83.

[45] R.G. Webster and H.G. Pereira, 'A common surface antigen in influenza viruses from

human and avian sources', *J Gen Virol 3(2)* (1968): 201–08.

[46] F.M. Burnet and P.E. Lind, 'Studies on recombination with influenza viruses in the chick embryo. III. Reciprocal genetic interaction between two influenza virus strains', *Aust J Exp Biol Med Sci 30(6)* (1952): 469–77.

[47] Pereira, Tůmová and Webster, 'Antigenic relationship between influenza A viruses of human and avian origins'.

[48] R.G. Webster, C.H. Campbell and A. Granoff, 'The "in vivo" production of "new" influenza A viruses. I. Genetic recombination between avian and mammalian influenza viruses', *Virology 44(2)* (1971): 317–28.

[49] L.J. Zakstelskaja, N.A. Evstigneeva, V.A. Isachenko, S.P. Shenderovitch and V.A. Efimova, 'Influenza in the USSR: New antigenic variant A2-Hong Kong-1-68 and its possible precursors', *Am J Epidemiol 90(5)* (1969): 400–05.

[50] W.G. Laver and R.G. Webster, 'Studies on the origin of pandemic influenza. III. Evidence implicating duck and equine influenza viruses as possible progenitors of the Hong Kong strain of human influenza', *Virology 51(2)* (1973): 383–91.

[51] C.M. Chu, C. Shao, C.C. Hou, 'Studies of strains of influenza viruses isolated during the epidemic in 1957 in Changchun', *Vopr Virusol 2(5)* (1957): 278–81.

[52] W. Chang, 'National influenza experience in Hong Kong, 1968', *Bull Wld Hlth Org 41(3)* (1969): 349–51.

[53] S. Lui, 'An ethnographic comparison of wet markets and supermarkets in Hong Kong, 2008', *The Hong Kong Anthr 2* (2008): 1–52.

[54] K.F. Shortridge, W.K. Butterfield, R.G. Webster and C.H. Campbell, 'Isolation and characterization of influenza A viruses from avian species in Hong Kong', *Bull Wld Hlth Org 55* (1977): 15–20.

[55] K.F. Shortridge, R.G. Webster, W.K. Butterfield and C.H. Campbell, 'Persistence of Hong Kong influenza virus variants in pigs', *Science 196* (1977): 1454–55.

[56] K.F. Shortridge, W.K. Butterfield, R.G. Webster and C.H. Campbell, 'Diversity of influenza A virus subtypes isolated from domestic poultry in Hong Kong', *Bull Wld Hlth Org 57(3)* (1979): 465–69.

[57] D.K. L'vov, B. Easterday, R. Webster, A.A. Sazonov and N.N. Zhilina, ['Virological and serological examination of wild birds during the spring migrations in the region of the Manych Reservoir, Rostov Province'], *Vopr Virusol 4* (1977): 409–14. [In Russian.]

[58] F.J. Austin and R.G. Webster, 'Evidence of ortho- and paramyxoviruses in fauna from Antarctica', *J Wildl Dis 29(4)* (1993): 568–71.

[59] A.C. Hurt, Y.C. Su, M. Aban, H. Peck, H. Lau, C. Baas, Y.M. Deng, N. Spirason, P.

Ellström, J. Hernandez, B. Olsen, I.G. Barr, D. Vijaykrishna and D. Gonzalez-Acuna, 'Evidence for the introduction, reassortment, and persistence of diverse influenza A viruses in Antarctica', *J Virol 90(21)* (2016): 9674–82.

[60] N. Zhou, S. He, T. Zhang, W. Zou, L. Shu, G.B. Sharp and R.G. Webster, 'Influenza infection in humans and pigs in southeastern China', *Arch Virol 141(3–4)* (1996): 649–61.

[61] L.L. Shu, N.N. Zhou, G.B. Sharp, S.Q. He, T.J. Zhang, W.W. Zou and R.G. Webster, 'An epidemiological study of influenza viruses among Chinese farm families with household ducks and pigs', *Epidemiol Infect 117(1)* (1996): 179–88.

[62] J.C. de Jong, E.C. Claas, A.D. Osterhaus, R.G. Webster and W.L. Lim, 'A pandemic warning?', *Nature 389(6651)* (1997): 554.

[63] K.F. Shortridge, N.N. Zhou, Y. Guan, P. Gao, T. Ito, Y. Kawaoka, S. Kodihalli, S. Krauss, D. Markwell, K.G. Murti, M. Norwood, D. Senne, L. Sims, A. Takada and R.G. Webster, 'Characterization of avian H5N1 influenza viruses from poultry in Hong Kong', *Virology 252(2)* (1998): 331–42.

[64] L.D. Sims, T.M. Ellis, K.K. Liu, K. Dyrting, H. Wong, M. Peiris, Y. Guan and K.F. Shortridge, 'Avian influenza in Hong Kong 1997–2002', *Avian Dis 47(3 Suppl)* (2003): 832–38.

[65] Y. Guan, K.F. Shortridge, S. Krauss and R.G. Webster, 'Molecular characterization of H9N2 influenza viruses: Were they the donors of the "internal" genes of H5N1 viruses in Hong Kong?', *Proc Natl Acad Sci USA 96(16)* (1999): 9363–67.

[66] H. Chen, G. Deng, Z. Li, G. Tian, Y. Li, P. Jiao, L. Zhang, Z. Liu, R.G. Webster and K. Yu, 'The evolution of H5N1 influenza viruses in ducks in southern China', *Proc Natl Acad Sci USA 101(28)* (2004): 10452–57.

[67] K.S. Li, Y. Guan, J. Wang, G.J. Smith, K.M. Xu, L. Duan, A.P. Rahardjo, P. Puthavathana, C. Buranathai, T.D. Nguyen, A.T. Estoepangestie, A. Chaisingh, P. Auewarakul, H.T. Long, N.T. Hanh, R.J. Webby, L.L. Poon, H. Chen, K.F. Shortridge, K.Y. Yuen, R.G. Webster and J.S. Peiris, 'Genesis of a highly pathogenic and potentially pandemic H5N1 influenza virus in eastern Asia', *Nature 430(6996)* (2004): 209–13.

[68] X. Xu, K. Subbarao, N.J. Cox and Y. Guo, 'Genetic characterization of the pathogenic influenza A/Goose/Guangdong/1/96 (H5N1) virus: Similarity of its hemagglutinin gene to those of H5N1 viruses from the 1997 outbreaks in Hong Kong', *Virology 261(1)* (1999): 15–19.

[69] Y. Guan, L.L. Poon, C.Y. Cheung, T.M. Ellis, W. Lim, A.S. Lipatov, K.H. Chan, K.M. Sturm-Ramirez, C.L. Cheung, Y.H. Leung, K.Y. Yuen, R.G. Webster and J.S. Peiris, 'H5N1 influenza: A protean pandemic threat', *Proc Natl Acad Sci USA 101(21)* (2004):

8156–61.

[70] A.K. Boggild, L. Yuan, D.E. Low and A.J. McGeer, 'The impact of influenza on the Canadian First Nations', *Can J Public Health 102(5)* (2011): 345–48.

[71] S.M. Flint, J.S. Davis, J.Y. Su, E.P. Oliver-Landry, B.A. Rogers, A. Goldstein, J.H. Thomas, U. Parameswaran, C. Bigham, K. Freeman, P. Goldrick and S.Y.C. Tong, 'Disproportionate impact of pandemic (H1N1) 2009 influenza on Indigenous people in the Top End of Australia's Northern Territory', *Med J Aust 192(10)* (2010): 617–22.

[72] H.V. Fineberg, 'Pandemic preparedness and response: Lessons from the H1N1 influenza of 2009', *N Engl J Med 370(14)* (2014): 1335–42.

[73] A. Vincent, L. Awada, I. Brown, H. Chen, F. Claes, G. Dauphin, R. Donis, M. Culhane, K. Hamilton, N. Lewis, E. Mumford, T. Nguyen, S. Parchariyanon, J. Pasick, G. Pavade, A. Pereda, M. Peiris, T. Saito, S. Swenson, K. Van Reeth, R. Webby, F. Wong and J. Ciacci-Zanella, 'Review of influenza A virus in swine worldwide: A call for increased surveillance and research', *Zoonoses and Public Health 61* (2014): 4–17.

[74] G.J. Smith, D. Vijaykrishna, J. Bahl, S.J. Lycett, M. Worobey, O.G. Pybus, S.K. Ma, C.L. Cheung, J. Raghwani, S. Bhatt, J.S. Peiris, Y. Guan and A. Rambaut, 'Origins and evolutionary genomics of the 2009 swine-origin H1N1 influenza A epidemic', *Nature 459(7250)* (2009): 1122–25.

[75] R. Gao, B. Cao, Y. Hu, Z. Feng, D. Wang, W. Hu, J. Chen, Z. Jie, H. Qiu, K. Xu, X. Xu, H. Lu, W. Zhu, Z. Gao, N. Xiang, Y. Shen, Z. He, Y. Gu, Z. Zhang, Y. Yang, X. Zhao, L. Zhou, X. Li, S. Zou, Y. Zhang, X. Li, L. Yang, J. Guo, J. Dong, Q. Li, L. Dong, Y. Zhu, T. Bai, S. Wang, P. Hao, W. Yang, Y. Zhang, J. Han, H. Yu, D. Li, G.F. Gao, G. Wu, Y. Wang, Z. Yuan and Y. Shu, 'Human infection with a novel avian-origin influenza A (H7N9) virus', *N Engl J Med 368(20)* (2013): 1888–97.

[76] J.S. Peiris, 'Severe Acute Respiratory Syndrome (SARS)', *J Clin Virol 28(3)* (2003): 245–47.

[77] Y. Guan, B.J. Zheng, Y.Q. He, X.L. Liu, Z.X. Zhuang, C.L. Cheung, S.W. Luo, P.H. Li, L.J. Zhang, Y.J. Guan, K.M. Butt, K.L. Wong, K.W. Chan, W. Lim, K.F. Shortridge, K.Y. Yuen, J.S. Peiris and L.L. Poon, 'Isolation and characterization of viruses related to the SARS coronavirus from animals in southern China', *Science 302(5643)* (2003): 276–78.

[78] J. Pu, S. Wang, Y. Yin, G. Zhang, R.A. Carter, J. Wang, G. Xu, H. Sun, M. Wang, C. Wen, Y. Wei, D. Wang, B. Zhu, G. Lemmon, Y. Jiao, S. Duan, Q. Wang, Q. Du, M. Sun, J. Bao, Y. Sun, J. Zhao, H. Zhang, G. Wu, J. Liu and R.G. Webster, 'Evolution of the H9N2 influenza genotype that facilitated the genesis of the novel H7N9 virus', *Proc Natl Acad Sci USA 112(2)* (2015): 548–53.

[79] Pu et al., 'Evolution of the H9N2 influenza genotype'.

[80] J.C. Jones, S. Sonnberg, R.J. Webby and R.G. Webster, 'Influenza A (H7N9) virus transmission between finches and poultry', *Emerg Infect Dis 21(4)* (2015): 619–28.

[81] S. Krauss, D.E. Stallknecht, R.D. Slemons, A.S. Bowman, R.L. Poulson, J.M. Nolting, J.P. Knowles and R.G. Webster, 'The enigma of the apparent disappearance of Eurasian highly pathogenic H5 clade 2.3.4.4 influenza A viruses in North American waterfowl', *Proc Natl Acad Sci USA 113(32)* (2016): 9033–38.

[82] J.K. Taubenberger, A.H. Reid, A.E. Krafft, K.E. Bijwaard and T.G. Fanning, 'Initial genetic characterization of the 1918 "Spanish" influenza virus', *Science 275(5307)* (1997): 1793–96.

[83] K. Duncan, *Hunting the 1918 Flu: One scientist's search for a killer virus*, Toronto: University of Toronto Press, 2003.

[84] P. Davies, *Catching Cold: 1918's forgotten tragedy and the scientific hunt for the virus that caused it,* London: Michael Joseph, 1999.

[85] P. Davies, *Catching Cold.*

[86] G. Kolata, *Flu: The story of the great influenza pandemic of 1918 and the search for the virus that caused it*, New York: Farrar, Straus and Giroux, 1999.

[87] G. Kolata, *Flu.*

[88] J.K. Taubenberger, A.H. Reid, R.M. Lourens, R. Wang, G. Jin and T.G. Fanning, 'Characterization of the 1918 influenza virus polymerase genes', *Nature 437(7060)* (2005): 889–93.

[89] Taubenberger, et al., 'Characterization of the 1918 influenza virus polymerase genes'.

[90] T.M. Tumpey, C.F. Basler, P.V. Aguilar, H. Zeng, A. Solórzano, D.E. Swayne, N.J. Cox, J.M. Katz, J.K. Taubenberger, P. Palese and A. García-Sastre, 'Characterization of the reconstructed 1918 Spanish influenza pandemic virus', *Science 310(5745)* (2005): 77–80; C.F. Basler and P.V. Aguilar, 'Progress in identifying virulence determinants of the 1918 H1N1 and the Southeast Asian H5N1 influenza A viruses', *Antiviral Res 79(3)* (2008): 166–78.

[91] D. Kobasa, S.M. Jones, K. Shinya, J.C. Kash, J. Copps, H. Ebihara, Y. Hatta, J.H. Kim, P. Halfmann, M. Hatta, F. Feldmann, J.B. Alimonti, L. Fernando, Y. Li, M.G. Katze, H. Feldmann and Y. Kawaoka, 'Aberrant innate immune response in lethal infection of macaques with the 1918 influenza virus', *Nature 445(7125)* (2007): 319–23.

[92] J.K. Taubenberger, A.H. Reid and T.G. Fanning, 'Capturing a killer flu virus', *Scientific American 292* (2005): 62–71.

[93] C. Pappas, P.V. Aguilar, C.F. Basler, A. Solórzano, H. Zeng, L.A. Perrone, P. Palese, A.

García-Sastre, J.M. Katz and T.M. Tumpey, 'Single gene reassortants identify a critical role for PB1, HA, and NA in the high virulence of the 1918 pandemic influenza virus', *Proc Natl Acad Sci USA 105(8)* (2008): 3064–69.

[94] G.D. Shanks and J.F. Brundage, 'Pathogenic responses among young adults during the 1918 influenza pandemic', *Emerging Infectious Diseases 18* (2012): 201–07.

[95] R.T. Ravenholt and W.H. Foege, '1918 influenza, encephalitis lethargica, parkinsonism', *Lancet 2(8303)* (1982): 860–64.

[96] D. Kobasa, S.M. Jones, K. Shinya, J.C. Kash, J. Copps, H. Ebihara, Y. Hatta, J.H. Kim, P. Halfmann, M. Hatta, F. Feldmann, J.B. Alimonti, L. Fernando, Y. Li, M.G. Katze, H. Feldmann and Y. Kawaoka, 'Aberrant innate immune response in lethal infection of macaques with the 1918 influenza virus', *Nature 445(7125)* (2007): 319–23.

[97] H. Jang, D. Boltz, K. Sturm-Ramirez, K.R. Shepherd, Y. Jiao, R. Webster and R.J. Smeyne, 'Highly pathogenic H5N1 influenza virus can enter the central nervous system and induce neuroinflammation and neurodegeneration', *Proc Natl Acad Sci USA 106(33)* (2009): 14063–68.

[98] Taubenberger et al., 'Characterization of the 1918 influenza virus polymerase genes'.

[99] Herfst et al., 'Airborne transmission of influenza A/H5N1 virus between ferrets'.

[100] M. Imai, T. Watanabe, M. Hatta, S.C. Das, M. Ozawa, K. Shinya, G. Zhong, A. Hanson, H. Katsura, S. Watanabe, C. Li, E. Kawakami, S. Yamada, M. Kiso, Y. Suzuki, E.A. Maher, G. Neumann and Y. Kawaoka, 'Experimental adaptation of an influenza H5 HA confers respiratory droplet transmission to a reassortant H5 HA/H1N1 virus in ferrets', *Nature 486(7403)* (2012): 420–28.

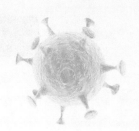

拓展阅读

Austin, F.J. and R.G. Webster, 'Evidence of ortho- and paramyxoviruses in fauna from Antarctica', *J Wildl Dis 29(4)* (1993): 568–71.

Barry, J.M., *The Great Influenza: The epic story of the deadliest plague in history*, New York: Penguin, 2004.

Basler, C.F. and P.V. Aguilar, 'Progress in identifying virulence determinants of the 1918 H1N1 and the Southeast Asian H5N1 influenza A viruses', *Antiviral Res 79(3)* (2008): 166–78.

Becker, W.B., 'The morphology of tern virus', *Virology 20* (1963): 318–27.

Boggild, A.K., L. Yuan, D.E. Low and A.J. McGeer, 'The impact of influenza on the Canadian First Nations', *Can J Public Health 102(5)* (2011): 345–48.

Bucher, D. and P. Palese, 'The biologically active proteins of influenza virus: Neuraminidase', in E.D. Kilbourne (ed.), *The Influenza Viruses and Influenza*, New York: Academic Press, 1975 (83–123).

Burnet, F.M., 'Influenza virus on the developing egg. I. Changes associated with the development of an egg-passage strain of virus', *Br J Exp Path 17(4)* (1936): 282–93.

Burnet, F.M. and P.E. Lind, 'Studies on recombination with influenza viruses in the chick embryo. III. Reciprocal genetic interaction between two influenza virus strains', *Aust J Exp Biol Med Sci 30(6)* (1952): 469–77.

Byerly, C.R., *Fever of War: The influenza epidemic in the US Army during World War I*, New York: New York University Press, 2005.

Centanni, E. and E. Savonuzzi, 'La peste aviaria I & II', Communicazione fatta all'accademia delle scienze mediche e naturali de Ferrara, 1901.

Chang, W., 'National influenza experience in Hong Kong, 1968', *Bull Wld Hlth Org 41(3)* (1969): 349–51.

Chen, H., G. Deng, Z. Li, G. Tian, Y. Li, P. Jiao, L. Zhang, Z. Liu, R.G. Webster and K. Yu 'The evolution of H5N1 influenza viruses in ducks in southern China', *Proc Natl Acad Sci USA 101(28)* (2004): 10452–57.

Chu, C.M., C.H. Andrewes and A.W. Gledhill, 'Influenza in 1948–1949', *Bull Wld Hlth Org 3*

(1950): 187–214.

Chu, C.M., C. Shao and C.C. Hou, 'Studies of strains of influenza viruses isolated during the epidemic in 1957 in Changchun', *Vopr Virusol 2(5)* (1957): 278–81.

Cramer, D., *The Narrow Edge: A tiny bird, an ancient crab and an epic journey*, New Haven, Connecticut: Yale University Press, 2015.

Crosby, A.W., *America's Forgotten Pandemic: The influenza of 1918*, Cambridge: Cambridge University Press, 1989, 295.

Crosby, A.W., *Epidemic and Peace, 1918*, Westport, Connecticut: Greenwood Press, 1976.

de Jong, J.C., E.C. Claas, A.D. Osterhaus, R.G. Webster and W.L. Lim, 'A pandemic warning?', *Nature 389(6651)* (1997): 554.

Downie, J.C. and W.G. Laver, 'Isolation of a type A influenza virus from an Australian pelagic bird', *Virology 51(2)* (1973): 259–69.

Duncan, K., *Hunting the 1918 flu: One scientist's search for a killer virus*, Toronto: University of Toronto Press, 2003.

Easterday, B.C., D.O. Trainer, B. Tůmová and H.G. Pereira, 'Evidence of infection with influenza viruses in migratory waterfowl', *Nature 219(5153)* (1968): 523–24.

Fineberg, H.V., 'Pandemic preparedness and response. Lessons from the H1N1 influenza of 2009', *N Engl J Med 370(14)* (2014): 1335–42.

Flint, S.M., J.S. Davis, J.Y. Su, E.P. Oliver-Landry, B.A. Rogers, A. Goldstein, J.H. Thomas, U. Parameswaran, C. Bigham, K. Freeman, P. Goldrick and S.Y.C. Tong, 'Disproportionate impact of pandemic (H1N1) 2009 influenza on indigenous people in the top end of Australia's Northern Territory', *Med J Aust 192(10)* (2010): 617–22.

Francis, T., Jr., 'A new type of virus from epidemic influenza', *Science 92* (1940): 405–08.

Gao, R., B. Cao, Y. Hu, Z. Feng, D. Wang, W. Hu, J. Chen, Z. Jie, H. Qiu, K. Xu, X. Xu, H. Lu, W. Zhu, Z. Gao, N. Xiang, Y. Shen, Z. He, Y. Gu, Z. Zhang, Y. Yang, X. Zhao, L. Zhou, X. Li, S. Zou, Y. Zhang, X. Li, L. Yang, J. Guo, J. Dong, Q. Li, L. Dong, Y. Zhu, T. Bai, S. Wang, P. Hao, W. Yang, Y. Zhang, J. Han, H. Yu, D. Li, G.F. Gao, G. Wu, Y. Wang, Z. Yuan and Y. Shu, 'Human infection with a novel avian-origin influenza A (H7N9) virus', *N Engl J Med 368(20)* (2013): 1888–97.

Graves, I.L., 'Influenza viruses in birds of the Atlantic flyway', *Avian Diseases 36* (1992): 1–10.

Guan, Y., L.L. Poon, C.Y. Cheung, T.M. Ellis, W. Lim, A.S. Lipatov, K.H. Chan, K.M. Sturm-Ramirez, C.L. Cheung, Y.H. Leung, K.Y. Yuen, R.G. Webster and J.S. Peiris, 'H5N1 influenza: A protean pandemic threat', *Proc Natl Acad Sci USA 101(21)* (2004): 8156–61.

Guan, Y., K.F. Shortridge, S. Krauss and R.G. Webster, 'Molecular characterization of H9N2 influenza viruses: Were they the donors of the "internal" genes of H5N1 viruses in Hong Kong?', *Proc Natl Acad Sci USA 96(16)* (1999): 9363–67.

Guan, Y., B.J. Zheng, Y.Q. He, X.L. Liu, Z.X. Zhuang, C.L. Cheung, S.W. Luo, P.H. Li, L.J. Zhang, Y.J. Guan, K.M. Butt, K.L. Wong, K.W. Chan, W. Lim, K.F. Shortridge, K.Y. Yuen, J.S. Peiris and L.L. Poon, 'Isolation and characterization of viruses related to the SARS coronavirus from animals in southern China', *Science 302(5643)* (2003): 276–78.

Harrington, B., *The Flight of the Red Knot*, New York/London: W.W. Norton and Co, 1996.

Herfst, S., E.J. Schrauwen, M. Linster, S. Chutinimitkul, E. de Wit, V.J. Munster, E.M. Sorrell, T.M. Bestebroer, D.F. Burke, D.J. Smith, G.F. Rimmelzwaan, A.D. Osterhaus and R.A. Fouchier, 'Airborne transmission of influenza A/H5N1 virus between ferrets', *Science 336(6088)* (2012): 1534–41.

Hinshaw, V.S., R.G. Webster and B. Turner, 'Novel influenza A viruses isolated from Canadian feral ducks: Including strains antigenically related to swine influenza (Hsw1N1) viruses', *J Gen Virol 41(1)* (1978): 115–27.

Hirst, G.K., 'Adsorption of influenza hemagglutinins and virus by red blood cells', *J Exp Med 76(2)* (1942): 195–209.

Hirst, G.K., 'The agglutination of red cells by allantoic fluid of chick embryos infected with influenza virus', *Science 94(2427)* (1941): 22–23.

Hoose, P., *Moonbird: A year on the wing with the great survivor B95*, New York: Farrar, Straus and Giroux, 2012.

Hurt, A.C., Y.C. Su, M. Aban, H. Peck, H. Lau, C. Baas, Y.M. Deng, N. Spirason, P. Ellström, J. Hernandez, B. Olsen, I.G. Barr, D. Vijaykrishna and D. Gonzalez-Acuna, 'Evidence for the introduction, reassortment, and persistence of diverse influenza A viruses in Antarctica', *J Virol 90(21)* (2016): 9674–82.

Imai, M., T. Watanabe, M. Hatta, S.C. Das, M. Ozawa, K. Shinya, G. Zhong, A. Hanson, H. Katsura, S. Watanabe, C. Li, E. Kawakami, S. Yamada, M. Kiso, Y. Suzuki, E.A. Maher, G. Neumann and Y. Kawaoka, 'Experimental adaptation of an influenza H5 HA confers respiratory droplet transmission to a reassortant H5 HA/H1N1 virus in ferrets', *Nature 486(7403)* (2012): 420–28.

Jang, H., D. Boltz, K. Sturm-Ramirez, K.R. Shepherd, Y. Jiao, R. Webster and R.J. Smeyne, 'Highly pathogenic H5N1 influenza virus can enter the central nervous system and induce neuroinflammation and neurodegeneration', *Proc Natl Acad Sci USA 106(33)* (2009): 14063–68.

Jones, J.C., S. Sonnberg, R.J. Webby and R.G. Webster, 'Influenza A (H7N9) virus transmission between finches and poultry', *Emerg Infect Dis 21(4)* (2015): 619–28.

Jordan, E., *Epidemic Influenza: A survey*, Chicago: American Medical Association, 1927.

Kawaoka, Y., T.M. Chambers, W.L. Sladen and R.G. Webster, 'Is the gene pool of influenza viruses in shorebirds and gulls different from that in wild ducks?', *Virology 163(1)* (1988): 247–50.

Kessaram, T., J. Stanley and M.G. Baker, 'Estimating influenza-associated mortality in New Zealand from 1990 to 2008', *Influenza Other Respir Viruses 9(1)* (2015): 14–19.

Kobasa, D., S.M. Jones, K. Shinya, J.C. Kash, J. Copps, H. Ebihara, Y. Hatta, J.H. Kim, P. Halfmann, M. Hatta, F. Feldmann, J.B. Alimonti, L. Fernando, Y. Li, M.G. Katze, H. Feldmann and Y. Kawaoka, 'Aberrant innate immune response in lethal infection of macaques with the 1918 influenza virus', *Nature 445(7125)* (2007): 319–23.

Koen, J.S., 'A practical method for field diagnosis of swine disease', *Am J Vet Med 14* (1919): 468–70.

Krauss, S., D.E. Stallknecht, N.J. Negovetich, L.J. Niles, R.J. Webby and R.G. Webster, 'Coincident ruddy turnstone migration and horseshoe crab spawning creates an ecological "hot spot" for influenza viruses', *Proc Biol Sci 277(1699)* (2010): 3373–79.

Krauss, S., D.E. Stallknecht, R.D. Slemons, A.S. Bowman, R.L. Poulson, J.M. Nolting, J.P. Knowles and R.G. Webster, 'The enigma of the apparent disappearance of Eurasian highly pathogenic H5 clade 2.3.4.4 influenza A viruses in North American waterfowl', *Proc Natl Acad Sci USA 113(32)* (2016): 9033–38.

L'vov, D.K., B. Easterday, R. Webster, A.A. Sazonov and N.N. Zhilina, ['Virological and serological examination of wild birds during the spring migrations in the region of the Manych Reservoir, Rostov Province'], *Vopr Virusol 4* (1977): 409–14. [In Russian.]

Laver, W.G., 'From the Great Barrier Reef to a "cure" for the flu: Tall tales, but true', *Perspect Biol Med 47(4)* (2004): 590–96.

Laver, W.G. and R.G. Webster, 'Studies on the origin of pandemic influenza. III. Evidence implicating duck and equine influenza viruses as possible progenitors of the Hong Kong strain of human influenza', *Virology 51(2)* (1973): 383–91.

Li, K.S., Y. Guan, J. Wang, G.J. Smith, K.M. Xu, L. Duan, A.P. Rahardjo, P. Puthavathana, C. Buranathai, T.D. Nguyen, A.T. Estoepangestie, A. Chaisingh, P. Auewarakul, H.T. Long, N.T. Hanh, R.J. Webby, L.L. Poon, H. Chen, K.F. Shortridge, K.Y. Yuen, R.G. Webster and J.S. Peiris, 'Genesis of a highly pathogenic and potentially pandemic H5N1 influenza virus in eastern Asia', *Nature 430(6996)* (2004): 209–13.

Lui, S., 'An ethnographic comparison of wet markets and supermarkets in Hong Kong, 2008', *The Hong Kong Anthr 2* (2008): 1–52.

Molinari, N.A., I.R. Ortega-Sanchez, M.L. Messonnier, W.W. Thompson, P.M. Wortley,

E. Weintraub and C.B. Bridges, 'The annual impact of seasonal influenza in the US: Measuring disease burden and costs', *Vaccine 25(27)* (2007): 5086–96.

Niles, L., J. Burger and A. Dey, *Life Along the Delaware Bay, Cape May: Gateway to a million shorebirds*, New Brunswick: Rivergate Books (Rutgers University Press), 2012.

Pappas, C., P.V. Aguilar, C.F. Basler, A. Solórzano, H. Zeng, L.A. Perrone, P. Palese, A. García-Sastre, J.M. Katz and T.M. Tumpey, 'Single gene reassortants identify a critical role for PB1, HA, and NA in the high virulence of the 1918 pandemic influenza virus', *Proc Natl Acad Sci USA 105(8)* (2008): 3064–69.

Payne, A.M.-M., 'The influenza programme of WHO', *Bull Wld Hlth Org 8(5–6)* (1953): 755–92.

Peiris, J.S., 'Severe Acute Respiratory Syndrome (SARS)', *J Clin Virol 28(3)* (2003): 245–47.

Pereira, H.G., B. Tůmová and R.G. Webster, 'Antigenic relationship between influenza A viruses of human and avian origins', *Nature 215(5104)* (1967): 982–83.

Pu, J., S. Wang, Y. Yin, G. Zhang, R.A. Carter, J. Wang, G. Xu, H. Sun, M. Wang, C. Wen, Y. Wei, D. Wang, B. Zhu, G. Lemmon, Y. Jiao, S. Duan, Q. Wang, Q. Du, M. Sun, J. Bao, Y. Sun, J. Zhao, H. Zhang, G. Wu, J. Liu and R.G. Webster, 'Evolution of the H9N2 influenza genotype that facilitated the genesis of the novel H7N9 virus', *Proc Natl Acad Sci USA 112(2)* (2015): 548–53.

Ravenholt R.T. and W.H. Foege, '1918 influenza, encephalitis lethargica, parkinsonism', *Lancet 2(8303)* (1982): 860–64.

Rice, G.W., *Black November: The 1918 influenza pandemic in New Zealand*, New Zealand: Allen & Unwin, 1988.

Rice, G.W., *Black November: The 1918 influenza pandemic in New Zealand* (2nd ed.), Christchurch: Canterbury University Press, 2005.

Richardson, G.M., 'The onset of pneumonic influenza 1918 in relation to the wartime use of mustard gas', *NZMJ 47* (1948): 4–16.

Schäfer, W., 'Vergleichende sero-immunologische Untersuchungen über die Viren der Influenza und klassichen Geflügelpest' [Comparative sero-immunological investigations on the viruses of influenza and classical fowl plague], *Zeitschrift für Naturforschung 10b* (1955): 81–91.

Shope, R.E., 'Swine influenza. I. Experimental transmission and pathology', *J Exp Med 54* (1931), 349–59.

Shope, R.E., 'Swine influenza. III. Filtration experiments and etiology', *J Exp Med 54* (1931): 373–85.

Shortridge, K.F., W.K. Butterfield, R.G. Webster and C.H. Campbell, 'Diversity of influenza

A virus subtypes isolated from domestic poultry in Hong Kong', *Bull Wld Hlth Org 57(3)* (1979): 465–69.

Shortridge, K.F., W.K. Butterfield, R.G. Webster and C.H. Campbell, 'Isolation and characterization of influenza A viruses from avian species in Hong Kong', *Bull Wld Hlth Org 55* (1977): 15–20.

Shortridge, K.F., R.G. Webster, W.K. Butterfield and C.H. Campbell, 'Persistence of Hong Kong influenza virus variants in pigs', *Science 196* (1977): 1454–55.

Shortridge, K.F., N.N. Zhou, Y. Guan, P. Gao, T. Ito, Y. Kawaoka, S. Kodihalli, S. Krauss, D. Markwell, K.G. Murti, M. Norwood, D. Senne, L. Sims, A. Takada and R.G. Webster, 'Characterization of avian H5N1 influenza viruses from poultry in Hong Kong', *Virology 252(2)* (1998): 331–42.

Shu, L.L., N.N. Zhou, G.B. Sharp, S.Q. He, T.J. Zhang, W.W. Zou and R.G. Webster, 'An epidemiological study of influenza viruses among Chinese farm families with household ducks and pigs', *Epidemiol Infect 117(1)* (1996): 179–88.

Shuster C.N., H. Jane Brockmann and R.B. Barlow (eds), *The American Horseshoe Crab*, Cambridge, Massachusetts/London: Harvard University Press, 2003.

Sims, L.D., T.M. Ellis, K.K. Liu, K. Dyrting, H. Wong, M. Peiris, Y. Guan and K.F. Shortridge, 'Avian influenza in Hong Kong 1997–2002', *Avian Dis 47(3 Suppl)* (2003): 832–38.

Slemons, R.D., D.C. Johnson, J.S. Osborn and F. Hayes, 'Type-A influenza viruses isolated from wild free-flying ducks in California', *Avian Dis 18(1)* (1974): 119–24.

Smith, G.J., D. Vijaykrishna, J. Bahl, S.J. Lycett, M. Worobey, O.G. Pybus, S.K. Ma, C.L. Cheung, J. Raghwani, S. Bhatt, J.S. Peiris, Y. Guan and A. Rambaut, 'Origins and evolutionary genomics of the 2009 swine-origin H1N1 influenza A epidemic', *Nature 459(7250)* (2009): 1122–25.

Smith, W. and C.V. Stuart-Harris, 'Influenza infection of man from the ferret', *Lancet* (1936): 121–23.

Taubenberger, J.K., A.H. Reid and T.G. Fanning, 'Capturing a killer flu virus', *Scientific American 292* (2005): 62–71.

Taubenberger, J.K., A.H. Reid, A.E. Krafft, K.E. Bijwaard and T.G. Fanning, 'Initial genetic characterization of the 1918 "Spanish" influenza virus', *Science 275(5307)* (1997): 1793–96.

Taubenberger, J.K., A.H. Reid, R.M. Lourens, R. Wang, G. Jin and T.G. Fanning, 'Characterization of the 1918 influenza virus polymerase genes', *Nature 437(7060)* (2005): 889–93.

Trilla, A., G. Trilla and C. Daer, 'The 1918 Spanish flu in Spain', *Clin Inf Dis 47* (2008): 668–73.

Tůmová, B. and B.C. Easterday, 'Relationship of envelope antigens of animal influenza viruses to human A2 influenza strains isolated in the years 1957–68', *Bull Wld Hlth Org 41(3)* (1969): 429–35.

Tumpey, T.M., C.F. Basler, P.V. Aguilar, H. Zeng, A. Solórzano, D.E. Swayne, N.J. Cox, J.M. Katz, J.K. Taubenberger, P. Palese and A. García-Sastre, 'Characterization of the reconstructed 1918 Spanish influenza pandemic virus', *Science 310(5745)* (2005): 77–80.

Tyrrell, D., 'Discovery of influenza viruses', in K.G. Nicholson, R.G. Webster and A.J. Hay (eds), *Textbook of Influenza*, Oxford: Blackwell Science, 1998 (19–26).

Vincent, A., L. Awada, I. Brown, H. Chen, F. Claes, G. Dauphin, R. Donis, M. Culhane, K. Hamilton, N. Lewis, E. Mumford, T. Nguyen, S. Parchariyanon, J. Pasick, G. Pavade, A. Pereda, M. Peiris, T. Saito, S. Swenson, K. Van Reeth, R. Webby, F. Wong and J. Ciacci-Zanella, 'Review of influenza A virus in swine worldwide: A call for increased surveillance and research',. *Zoonoses and Public Health 61* (2014): 4–17.

Webster, R.G., C.H. Campbell and A. Granoff, 'The "in vivo" production of "new" influenza A viruses. I. Genetic recombination between avian and mammalian influenza viruses', *Virology 44(2)* (1971): 317–28.

Webster R.G. and H.G. Pereira, 'A common surface antigen in influenza viruses from human and avian sources', *J Gen Virol 3(2)* (1968): 201–08.

Webster, R.G., M. Morita, C. Pridgen and B. Tůmová, 'Ortho- and paramyxoviruses from migrating feral ducks: Characterization of a new group of influenza A viruses', *J Gen Virol 32(2)* (1976): 217–25.

Webster, R.G., M. Yakhno, V.S. Hinshaw, W.J. Bean and K.G. Murti, 'Intestinal influenza: Replication and characterization of influenza viruses in ducks', *Virology 84(2)* (1978): 268–78.

Xu, X., K. Subbarao, N.J. Cox and Y. Guo, 'Genetic characterization of the pathogenic influenza A/Goose/Guangdong/1/96 (H5N1) virus: Similarity of its hemagglutinin gene to those of H5N1 viruses from the 1997 outbreaks in Hong Kong', *Virology 261(1)* (1999): 15–19.

Zakstelskaja, L.J., N.A. Evstigneeva, V.A. Isachenko, S.P. Shenderovitch and V.A. Efimova, 'Influenza in the USSR: New antigenic variant A2-Hong Kong-1-68 and its possible precursors', *Am J Epidemiol 90(5)* (1969): 400–05.

Zhou, N., S. He, T. Zhang, W. Zou, L. Shu, G.B. Sharp and R.G. Webster, 'Influenza infection in humans and pigs in southeastern China', *Arch Virol 141(3–4)* (1996): 649–61.

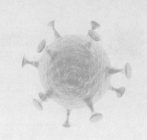

附录 词汇表

英文术语	中文术语	释义
aerosol	气溶胶	微小的空气传播颗粒，比如通过打喷嚏从身体排出的病毒颗粒，可以传播流感
agglutination	凝集	将小颗粒（如红细胞）黏在一起，形成可见凝块
antigenic variation	抗原变异	感染因子改变其表面蛋白质以逃避宿主免疫反应的机制
autoclave	高压灭菌器	一种结合了高温度和高气压对科学设备和材料进行灭菌的装置
backbone light chain	骨架轻链	构成流感病毒表面主要刺突蛋白茎部的氨基酸链
chemokines	趋化因子	一种小细胞因子家族，它们将吞噬细胞和参与诱导免疫的细胞吸引到感染部位，并提供抵御流感感染的第一道防线
cloaca	泄殖腔	鸟类和爬行动物肛门附近的腔隙，收集肠道和泌尿道废物，在雌性中充当精子存放处，鸟类泄殖腔拭子可以检测到流感病毒感染
coronavirus	冠状病毒	一种不同于流感的病毒家族，可引发伴有高热和肺炎的呼吸道感染，例如普通感冒病毒和重症急性呼吸综合征
cyclotron	回旋加速器	一种用于加速磁场中带电原子粒子的大型原子装置，带电粒子束可用于确定分子结构，包括流感病毒的组分
cytokines	细胞因子	小分子蛋白质，对引起疾病的病原体提供第一道防线，它们向细胞发出感染信号，诱导抗体和细胞免疫

英文术语	中文术语	释　义
cytokine storm	细胞因子风暴	细胞因子的过量产生，可能是致命性的，是 H5N1 禽流感和 1918 年大流感引起死亡的原因
DNA, deoxyribonucleic acid	脱氧核糖核酸	携带生物遗传信息的螺旋状分子，在细胞繁殖过程中被复制
enzyme	酶	一种加速化学反应而不改变自身性质的催化剂
epidemic	流行病	一种传播迅速且广泛的传染病，如流感
fowl plague	鸡瘟	由高致病性 H5 和 H7 流感病毒引起的家禽致死性疾病，遍布禽类整个身体，导致所有器官出血
genetic drift	遗传漂移	遗传信息的随机变化（突变），遗传漂移导致流感病毒血凝素和神经氨酸（苷）酶表面刺突的变化，因而需要每年改变流感疫苗
genetic shift	遗传转换	流感病毒由于从水生鸟类储存库引入了全新的基因片段而引起血凝素和神经氨酸（苷）酶表面刺突的完全变化，是引起流感大流行的原因
genotype	基因型	流感病毒中基因片段的组成
haemagglutinin, H	血凝素	流感病毒表面最多的蛋白质，它附着在呼吸道细胞上，附着在红细胞表面使细胞黏在一起（凝集）
haemagglutination inhibition, HI	血凝抑制	一种检测血凝素抗体的试验，可阻止病毒上的血凝素附着于细胞，提供避免感染的保护作用
herd immunity	群体免疫力	由接触某种疾病病原体或接种某种病原体疫苗所产生的对这种疾病在群体中传播的免疫力
interferons	干扰素	细胞在感染了一种引起疾病的病原体之后，释放的一类小分子量细胞因子蛋白质家族，抑制病毒复制并提供第一道防线
lipid membrane	脂质膜	由流感病毒颗粒表面上的蛋白质和病毒增殖所在细胞获得的脂肪有机化合物组成
live adapted influenza vaccine	活适应性流感疫苗	含有已经在 25℃ "冷适应" 生长，但在正常体温（37℃）不生长的活流感病毒疫苗，喷洒在患者鼻腔，在较低温度下繁殖并诱导保护作用
macrophages	巨噬细胞	在人体组织和血液中发现的大型白细胞，摄入和消灭流感病毒等入侵生物

英文术语	中文术语	释　义
neuraminidase, N	神经氨酸（苷）酶	流感病毒表面次多的蛋白质，是一种从受感染细胞表面释放病毒并促进其传播的酶
neuraminidase inhibition test, NI	神经氨酸（苷）酶抑制试验	一种检测神经氨酸（苷）酶抗体的试验，感染或疫苗接种后，可诱导产生抑制病毒传播的作用
nucleoprotein, NP	核蛋白	包围着病毒单链 RNA 的结构蛋白
non-structural protein, NS1	非结构蛋白	由病毒编码但不包含在病毒颗粒中的蛋白质，主要作用是关闭宿主的抗病毒反应（例如干扰素释放）
pathogenic	致病的	能够引起疾病的
peptides	多肽	通过肽键结合在一起的氨基酸短链，在细胞功能中发挥调控其他分子的关键作用
phagocytes	吞噬细胞	机体内的细胞，如巨噬细胞，通过吞噬并摧毁侵犯因子来抵抗感染从而发挥保护作用
reassortment	重配	混合两种病毒的遗传信息而产生第三种病毒，流感病毒有八个 RNA 节段，当任意两种不同流感病毒混合其遗传信息时，可以产生 256 种可能的不同组合
reservoir	储存库	在疾病研究中，该词汇指病原体的天然储存之处，对于甲型流感病毒，储存库包括野生水鸟和蝙蝠种群
ribonucleic acid, RNA	核糖核酸	许多病毒（包括流感病毒）携带遗传信息的螺旋状分子
severe acute respiratory syndrome, SARS	重症急性呼吸综合征	一种病毒性呼吸道传染疾病，可引起严重的肺炎和死亡，由一组与流感不同的病毒引起
shedding	排毒	哺乳动物在喷嚏、唾液或来自水鸟粪便物质的流感病毒释放
vaccine seed	疫苗种子	用于流感疫苗生产的主要病毒株，当世界卫生组织建议一株流感病毒纳入季节性疫苗组分后，一份储备种子被送至疫苗生产商
virus	病毒	一种微观的生命体，由少量包裹在蛋白质中的遗传物质组成，可在活细胞中增殖并可能引起疾病，受感染的细胞将迅速产生成千上万原始病毒的复制体

续　表

英文术语	中文术语	释　义
World Health Organization, WHO	世界卫生组织	总部位于瑞士日内瓦的联合国下属国际健康机构，全球流感监测和响应系统（GISRS）是其中的一个组织，负责监测全世界流感病毒的变化，并在必要时提出流感疫苗变化建议

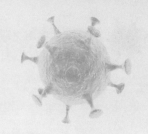

后 记

　　这本书能够顺利问世要感谢我的妻子玛乔丽，在我满世界追踪病毒踪迹之时，她不仅养育了 3 个优秀的孩子，而且还抽出时间加入我在澳大利亚、美国海滩、加拿大湖泊和亚洲家禽市场的流感病毒搜寻探索之旅。她是一位传奇般的女子，更是一位出色的生活伴侣。她全力支持我的工作，并教会我如何回馈。

　　让我决定用毕生精力进行流感研究的人是已故的弗兰克·芬纳。当我还是研究生的时候，我搬到新西兰澳大利亚国立大学和他一起从事黏液瘤病毒方面的工作，该病毒是为了控制增长过快的兔子种群数量而被引入澳大利亚的。当我被告知将与当时还健在的斯蒂芬·法泽卡斯·德·圣格罗斯（Stephen Fazekas de St Groth）和格雷姆·拉弗改变研究方向转而进行流感研究时，我感到非常沮丧。当然，最终的结果正如本书所证明的那样，当时的安排是非常棒的决定。为此，我要对斯蒂芬和格雷姆给予的指导送上迟到的感谢。

　　书中的许多部分是根据 50 多年前的记忆中整理出来的，因此不可避免地会存在少许一厢情愿的想法及可能的错误和遗漏。在本书创作过程中，有太多人让我感到激动不已，但又很难逐一提及，特别是在发掘整理澳大利亚大堡礁旅行记录时，佩妮、梅兰·拉弗（Merran Laver）、吉恩·唐尼（Jean Downie）和阿德里安·吉布斯（Adrian Gibbs）给予我很大帮助。

　　1997 年始，我有幸在香港大学与微生物学系的肯·肖特里奇、管轶和马利克·裴伟士一起度过了六个冬季，这使我有机会与农业与渔业系的莱斯·西姆斯（Les Simms）、卫生系的林薇玲及其他许多人互动。这段经历让我有机会研究禽流感暴发期间人与动物之间的关系。在我研究流感在活禽市场中的传播及其公共卫生防控面临困难时，这些人都给了我巨大的帮助。

　　我要感谢许多在野外、实验室和案头从事繁重乏味的工作的年轻学者，他们为研究提供了思路与线索，他们发表的报道使这些研究成为可能，我为他们在全球流感中心取得的成就感到骄傲。我还要感谢世界卫生组织的全球流感监测和应对系统（GISRS），该系统促进了流感病毒相关知识的共享，促进了世界各地杰出人士的接触与合作。美国国家卫生研究院的持续支持使这项研究成为可能，该机构提供了超过 50 年的资金。加拿大野生动物服务局、新泽西州野生动物保护基金会、"新泽西州鱼类和野生动物部的濒危和非同名物种计划"的工作人员在过去 40 年中提供了卓越的专业知识和协助，这使得对野生鸟类的研究成为可能。

　　圣裘德儿童研究医院（SJCRH）和美国黎巴嫩叙利亚联合慈善机构（ALSAC，SJCRH 的筹款部门）提供了支持和实验室基础设施。圣裘德儿童研究医院一直在促进科学家与医生之间的互动，强调在治疗儿童癌症期间控制传染病的重要性。这里一定要提到詹姆斯·诺尔斯（James Knowles）和伊丽莎白·史蒂文斯的名字。詹姆斯不仅参与了本书所有手稿撰写和修订工作，还更正了许多细节，伊丽莎白·史蒂文斯则为本书提供了非常优质的图表。

　　奥塔哥大学出版社的工作团队很棒。出版人雷切尔·斯科特（Rachel Scott）在编辑埃里卡·布基（Erika Büky）和苏·哈拉斯（Sue Hallas）的帮助下，将枯燥的科学细节转化成可读的文字。瑞秋提供一流的出版保障工作，并在整个过程中一直在鼓励我。此外，还要感谢菲奥娜·莫法特（Fiona Moffat）对本书进行的设计。

　　对于本书出版方面的其他帮助，我要感谢许多科学界的同事，包括兰斯·詹宁斯、玛丽亚·赞邦、杰弗里·赖斯，迈克尔·贝克、田代真人、伯纳德·伊斯特迪及两位匿名的同行审阅者。他们阅读了手稿并提出了宝贵建议和修改意见。在本书写作的初期，理查德·韦比（Richard Webby）、保罗·托马斯（Paul Thomas）和福田敬二（Keiji Fukuda）审阅了多个章节，并给出了宝贵评论，特别是关于免疫学、2009 年 H1N1 流感大流行与国际关系方面。

真正说服我着手写作的人是我的儿媳莎伦·韦伯斯特（Sharon Webster）。2016 年，在我还在犹豫否要尝试写这本书的时候，她特意提及 2018 年是 1918 年大流感的百年纪念，希望我讲讲在野生水禽身上寻找恶魔病毒起源的过程，更一定不要错过这一特殊时刻。最后，感谢身为艺术家兼科学家的莎伦为本书设计了醒目的封面。

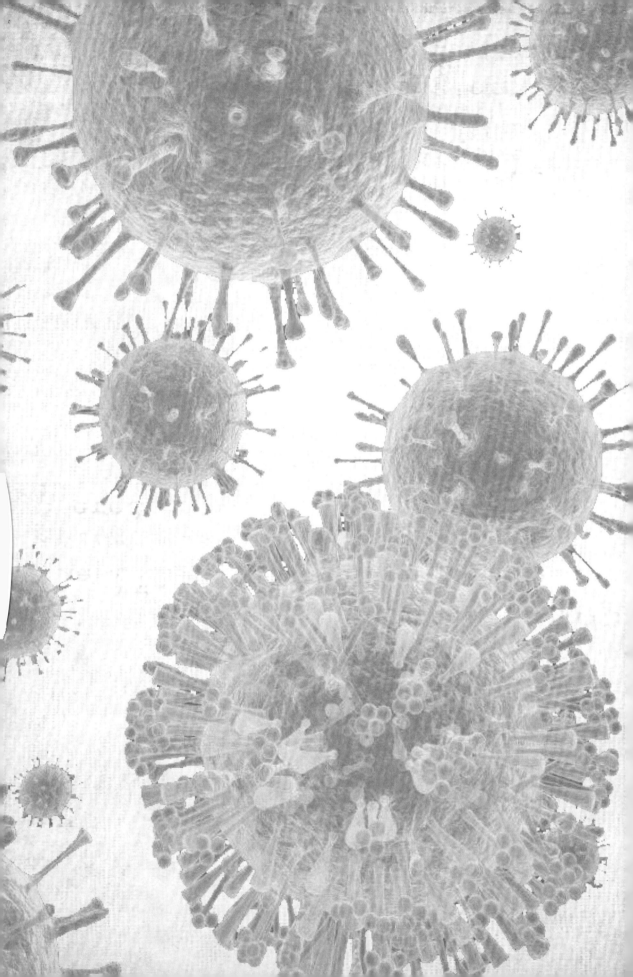